黑龙江省精品图书出版工程

先进制造理论研究与工程技术系列

摩擦表面的接触热动力学问题
与表面织构摩擦温升研究

刘雨薇　武　伟　著

U0223015

哈尔滨工业大学出版社

内 容 简 介

本书分两个部分进行论述：第 1 部分为摩擦表面接触热动力学研究，基于接触热动力学特性，从理论分析和仿真模拟两方面，研究了摩擦副在摩擦接触和运动过程中的压力、温度、导热量等变化规律；第 2 部分为表面织构的摩擦温升研究，总结了针对沟槽形表面织构对摩擦温升的影响及其作用机理，开展的理论与实验研究结果。

本书可作为摩擦热力学及表面摩擦温升领域研究者的参考书，也可为相关工程技术领域的研究人员提供基础理论借鉴和数据参考。

图书在版编目(CIP)数据

摩擦表面的接触热动力学问题与表面织构摩擦温升研究/刘雨薇，武伟著.—哈尔滨:哈尔滨工业大学出版社,2020.9(2023.10 重印)
ISBN 978－7－5603－8827－4

Ⅰ.①摩…　Ⅱ.①刘…②武…　Ⅲ.①表面摩擦②热力学－研究　Ⅳ.①O313.5

中国版本图书馆 CIP 数据核字(2020)第 089635 号

策划编辑　杨秀华
责任编辑　丁桂焱
封面设计　博鑫设计
出版发行　哈尔滨工业大学出版社
社　　址　哈尔滨市南岗区复华四道街 10 号　邮编 150006
传　　真　0451－86414749
网　　址　http://hitpress.hit.edu.cn
印　　刷　哈尔滨圣铂印刷有限公司
开　　本　787mm×1092mm　1/16　印张 14.5　字数 311 千字
版　　次　2020 年 9 月第 1 版　2023 年 10 月第 2 次印刷
书　　号　ISBN 978－7－5603－8827－4
定　　价　78.00 元

前　言

本书聚焦于摩擦界面传热相关的若干关键科学问题，从宏观和微观两方面研究摩擦过程中的接触热动力学行为规律及沟槽形表面织构对摩擦温升和摩擦学性能的作用机理，内容涉及机械工程、力学和材料科学方面的相关理论与方法。

摩擦副表面的局部热点以及高的接触应力的存在是导致接触表面产生破坏的主要原因。从微观热力学入手分析微凸体在滑动接触过程中的温度、压力等变化规律，对于研究摩擦过程中摩擦副表面性质的变化、摩擦磨损的微观热力学行为以及摩擦副间的宏观导热等具有非常重要的意义，研究结果将会进一步丰富摩擦与磨损的基础理论。

摩擦过程中，在相互接触表面形成局部热源，热量以热传导的方式由表层向接触界面的四周和内层扩散，并在摩擦副中形成一个非稳态的温度场。热量不断积累使温度在短时间内迅速升高，导致接触表面的化学活性增加及材料机械性能改变，促使摩擦区域的微凸体变形和微裂纹扩展，使摩擦副表面发生开裂与破损，加速磨损。因此，研究摩擦热效应并通过技术手段减轻摩擦热效应的不良影响，降低摩擦温升，对有效减少磨损失效和降低能量损耗具有重要意义。

表面织构(surface texture)又称表面图形化，是指利用一定的加工技术，在摩擦副表面加工出具有一定几何形貌、尺寸和分布的图案，以改变表面的接触及润滑状态，改善摩擦学性能的一种表面改性技术。研究表面改性对摩擦温升的影响，从节约能源、提高机械系统承载能力、延长服役寿命、增加机械可靠性和提升机械效率等方面考虑，将具有重要的理论价值和实际应用需求。表面改性的方法众多，表面织构是其中常用的方法之一。本书将研究表面织构对摩擦温升的影响规律及其作用机理，研究成果将为进一步改善摩擦副的摩擦温升、提高摩擦副的磨损寿命提供理论和工程实际参考。

本书第1~4章及附录由刘雨薇撰写，第5~8章由武伟撰写。此外，感谢华为机器有限公司的叶福浩为本书提供的参考资料及进行的辅助工作。本书受"中央高校基本科研业务费专项资金"(2020YQJD04)资助。

在撰写本书的过程中，著者参考和引用了许多文献资料，在此向相关专家学者表示感谢。由于著者水平和能力有限，本书的内容难免有不足之处，希望读者给予批评指正。

著　者

2019 年 11 月

符号说明

英文字母

a	接触半径，m
a_0	最大接触半径，m
a_c	临界接触面积，m^2
a_1	微凸体最大接触面积，m^2
ΔT	单个微凸体的接触面积，m^2
A	真实接触面积，m^2
A_{AF}	微凸体峰顶截面积，m^2
b	两个微凸体间的空间最短距离，m
$\boldsymbol{b}$	Burger 矢量
b_0	满足接触的 b 的最大值，m
c	比热容，$J/(kg \cdot K)$
d	最大干涉距离，m
D	分形维数
E	弹性模量，Pa
E_b	总能量密度，J/m^3
E^*	复合弹性模量，Pa
F	摩擦力，N
F_d	犁沟力，N
F_s	剪切力，N
g	两个物体间的间隙，m
g_0	初始间隙，m
G	特征尺度系数，m
G_s	剪切弹性模量，Pa
$h_{1,2}$	微凸体峰顶高度，m
h_c	接触热导，$W/(m^2 \cdot K)$
h_1	低位错密度区深度，m
H	材料硬度，Pa
I_h	线磨损率，m/s
k	热扩散率，m^2/s

k_m	与摩擦副相关的系数
K	热导率，$W/(m \cdot K)$
L_0	加载时变形的临界值，m
L_1	轮廓采样长度，m
L_p	加载时的实际变形量，m
m_0	零阶谱矩，m^2
m_2	二阶谱矩
m_4	四阶谱矩，$1/m^2$
n	临界磨损次数
n'	微凸体接触总数
n_e	弹性接触状态下达到疲劳破坏的循环次数
n_p	塑性接触状态下达到疲劳破坏的循环次数
N	接触点个数
$N_{1,2}$	微凸体峰顶密度
Pe	Peclet 数
p	接触压强，Pa
P_p	分子间吸引力，N
P	接触载荷，N
q	热流密度，$J/(m^2 \cdot s)$
Q	热量，J
R	微凸体峰顶半径，m
h_0	参考平面间距，m
S_0	滑动位移的幅值，m
$S(\omega)$	功率谱，W/Hz
t	时间，s
P_{AF}	完全塑性接触载荷，N
t_0	总接触时间的一半，s
t_e	弹性接触时疲劳曲线指数
r_{in}	活塞环内径，m

t_p	塑性接触时疲劳曲线指数	σ_s	屈服强度极限,Pa
T_0	最大温度,K	τ	无量纲时间
$R_{1,2}$	接触面1(2)上的微凸体峰顶半径,m	τ_b	剪切强度极限,Pa
R_c	接触热阻,$(m^2 \cdot K)/W$	τ_y	单位面积上的摩擦力,N/m^2
R_d	接触面半径,m	φ	圆锥形粗糙峰顶半角,(°)
R_{out}	活塞环外径,m	φ_r	旋转角度,(°)
R_s	距离旋转轴距离,m	ξ	无量纲参数
R^*	微凸体峰顶复合半径,m	ζ_1,ζ_2	摩擦二项式定理中的系数
s_0	临界滑动距离,m	η'	微凸体的表面密度
S	滑动距离,m	η	无量纲参数
$T_{1,2}$	初始体积温度,K	θ	角度,(°)
ΔT	温差,K	λ_h	截断表面最短波长,m
T_s	表面温度,K	μ	摩擦系数
$\overline{T_0}$	平均闪点温度,K	ν	泊松比
T_{period}	往复运动周期,s	ρ	密度,kg/m^3
V_0	速度幅值,m/s	ϕ	微凸体峰顶高度的概率密度分布函数
V	滑动速度,m/s	Φ	微凸体发生接触的概率分布
V_{vol}	磨损体积,m^3	σ_j	表面摩擦应力,Pa
W	正压力,N	Ψ	塑性指数
		ω	往复运动频率,1/s

希腊字母

α	带宽参数	ω'	刚性平面法向移动变形量,m
α_1	磨损系数	ω_h	最高截止频率,Hz
β_1,β_2	黏着磨损定理中的系数	ω_l	最低截止频率,Hz
γ	常数	Ω	旋转角速度,rad/s

上下标

c	由于温差产生的热流
max	最大值
f	由于摩擦产生的热流
$\sim,\hat{},*$	无量纲化
nom	名义接触
$\cdot$	微分
ave	平均值

δ	总线磨损量,m	
δ_c	临界变形量,m	
δ_{ij}	克罗内克函数	
Δ	取样间距,m	
$\varepsilon_1,\varepsilon_2,\varepsilon_3$	与材料特性和微观机械特性有关的系数	
σ_0	加载时应力的临界值,Pa	
$\sigma_{1,2}$	微凸体峰顶高度偏差,m	
σ_b	加载时的实际应力值,Pa	

主要缩略词说明

英文缩写	中文名称	英文名称
AFM	原子力显微镜	Atomic Force Microscopy
Auto CAD	计算机辅助设计软件	Autodesk Computer Aided Design
DLC	类金刚石镀膜	Diamond-like Carbon
EDS	能量弥散 X 射线谱	Energy-dispersive X-ray Spectroscopy
LIGA	X 射线光刻技术	Lithographie，Galvanoformung，Abformung
MicroXAM—3D	三维白光干涉表面形貌仪	Three-dimensional Confocal Microscopy
MEMS	微电子机械系统	Micro-Electro-Mechanical System
PTFE	聚四氟乙烯	Polytetrafluoroethylene
PVD	物理气相沉积	Physical Vapor Deposition
SEM	扫描电子显微镜	Scanning Electron Microscope

目　　录

第1部分　摩擦表面接触热动力学研究

第2部分　表面织构的摩擦温升研究

第1章 绪 论

1.1 研究背景及意义

摩擦副的摩擦和磨损程度并不是材料本身的固有特性,而是一个受各种因素影响的系统响应。摩擦磨损现象是发生在材料表面层的微观动态过程,是涉及接触力学、传热学、材料学、化学、物理、润滑、机械设计等众多学科的复杂过程,在对其进行研究时难以进行实时的动态观测,上述众多因素导致人们对摩擦学的认识还不够深刻,直至今日对摩擦学的理论研究仍然不够完善。

目前,对于摩擦磨损的特征、机理以及磨损表面的微观分析等方面,前人已经进行了大量研究,但是研究方法大都依赖于摩擦磨损试验,通过采用现代测试方法,对磨屑进行测量以及对磨损后的表面形貌进行观察,并根据磨屑的尺寸、形状和组成元素以及磨损后表面的变形、裂纹、材料转移和黏着现象等来推断磨损的形式、磨损的激烈程度以及磨损发生的部位。然而,磨屑和磨损后的表面形貌只能代表磨损结束时刻的一种特征状态,不能体现出摩擦磨损的实时的动态过程,由此对整个摩擦磨损过程进行分析是不够全面和科学的。

两个相互接触并且相对滑动的表面间的摩擦过程,实际上是两个表面上无数个微小凸体之间相互挤压和搓动的过程,由于微凸体的形状、大小以及空间分布具有随机性,因此其变化过程在时间和空间上具有不稳定性和随机性。摩擦过程还伴随有能量的交换和损耗,是一个非线性并且远离平衡状态的热力学过程。摩擦力所做的功有 $85\%\sim95\%$ 转化为热能,其他的转化为表面能、声能和光能等。

当两物体之间发生相对运动时,克服摩擦阻力产生的热量将首先通过发生接触的微凸体向内扩散,大量的热量在瞬间被释放到微小的面积上,使得发生接触的微凸体的温升比摩擦副表面的平均温升高许多倍,从而在接触表面上形成大量的"热点"。"热点"将导致金属表面的氧化速度加快,硬度降低,发生黏着的可能性增大,因而磨损率也增大,甚至在较大的成块面积上形成"黏着焊连",使得摩擦副无法正常工作甚至被损坏。此外,微凸体的最大温度也叫闪点温度,闪点温度可高达几百甚至上千摄氏度。较高的摩擦温升会导致摩擦副表面材料发生相变甚至软化,加速磨损;接触区持续积累的温升还将进一步增加黏着磨损,使摩擦副材料之间产生胶合,导致剧烈磨损和润滑失效;随着科技进步,人们对机械零部件的要求不断提高,机械零部件的工作环境愈发严酷,摩擦温升会进一步增加,摩擦温升问题将严重影响其机械性能和服役寿命。而适当的表面改性可以控制和改善摩擦温升,因此,研究摩擦传热过程以及表面改性对摩擦温升的影响,从节约能源、提高机械系统承载能力、延长服役寿命、增加机械可靠性和提升机械效率等方面考虑,将具有重要的理论价值和实际应用价值。

1.2　摩擦磨损理论研究进展

摩擦与磨损是非常普遍的自然现象,对由于滚动和滑动表面构成的现代机械的工作效能具有非常重要的影响,对人类的日常生活和物质生产具有非常重要的意义。一直以来,各国学者对摩擦磨损机理进行了大量的探索研究,提出了各种摩擦磨损理论。

1.2.1　摩擦理论研究

摩擦是在外力作用下,两个接触表面之间发生相互作用而产生的滑动阻力,并伴随有能量耗散的现象。影响摩擦的因素有很多,目前与之相关的摩擦理论主要如下。

1.2.1.1　机械啮合理论

早期的摩擦研究认为,摩擦是由表面粗糙峰之间发生相互啮合、碰撞以及塑性变形形成的,该理论认为

$$F = \mu W \tag{1.1}$$

其中,F 为摩擦力;W 为正压力;μ 为摩擦系数,是一个由表面状况确定的常数。

该理论可以对表面越粗糙、摩擦系数越大的现象进行解释,但是无法解释经过超精密加工的表面的摩擦系数反而增大的现象。

1.2.1.2　分子作用理论

在机械啮合理论之后,Tomlinson 于 1929 年首次用分子间的吸引力解释了摩擦的产生,提出当两个表面足够接近时,材料分子之间的作用力使得表面黏附在一起而在滑动过程中产生的能量损耗是产生摩擦的原因。由于摩擦表面分子间吸引力的大小随着分子之间距离的减小而增大,通常与距离的 7 次方成正比,因此滑动表面间的摩擦阻力随着实际接触面积的增大而增大,即有

$$F = \mu(W + P_{p}A) \tag{1.2}$$

其中,P_{p} 为分子间的吸引力;A 为真实接触面积。

由分子作用理论可知,表面越粗糙则真实接触面积越小,摩擦系数也随之减小,然而以上分析在法向大载荷以外的情况下是不成立的。

1.2.1.3　摩擦二项式理论

苏联学者克拉盖尔斯基认为滑动摩擦是克服表面粗糙峰的机械啮合以及材料分子间吸引力的过程,因此摩擦阻力是机械作用和分子引力的综合,并不是一个常量,摩擦系数为

$$\mu = \frac{\zeta_1 A}{W} + \zeta_2 \tag{1.3}$$

其中，ζ_1 为不大于但趋于 1 的指数；ζ_2 为实际的摩擦因数，二者分别由摩擦表面的物理和机械性质决定。

式(1.3)即为摩擦二项式定理，其可以对边界润滑做出非常好的解释。

1.2.1.4　黏着－犁沟理论

直到 20 世纪四五十年代，Bowden 等人在研究金属材料的干摩擦时提出了黏着摩擦理论。在外加载荷的作用下，表面之间的接触作用实际上发生在微凸体峰顶之间微小的面积之上，从而使得微凸体峰顶受到很大的接触应力而产生塑性变形，最终导致接触点焊接在一起。当两个表面相对滑动时，焊点被剪断，同时较硬的微凸体会嵌入到较软的接触表面，从而在较软表面上产生犁沟。剪切力与犁沟力之和即为摩擦力，即有

$$F = F_s + F_d \tag{1.4}$$

其中，F_s 为剪切力；F_d 为犁沟力。

对于金属摩擦副，F_d 远小于 F_s，此时黏着效应是产生摩擦的主要原因。忽略犁沟效应，摩擦系数可以表示为

$$\mu = \frac{\tau_b}{\sigma_s} \tag{1.5}$$

其中，τ_b 为较软材料的剪切强度极限；σ_s 为较软材料的屈服强度极限。

同时考虑黏着效应和犁沟效应时，摩擦系数为

$$\mu = \frac{\tau_b}{\sigma_s} + \frac{2}{\pi} \cot \varphi \tag{1.6}$$

式(1.6)中假设硬金属表面的粗糙峰由半角为 φ 的圆锥体组成，粗糙峰的 φ 角较大时，式(1.6)中的第二项很小，可以忽略；但当 φ 角较小时，犁沟效应增强，成为不可忽略的因素。

Bowden 等人建立的黏着理论首次揭示了闪点温度和微凸体接触点的塑性流动对形成黏着节点的影响，为固体摩擦理论的发展做出了重大贡献。但是由于对摩擦中的一些复杂现象进行了简化，因此仍然有不完善之处，而且只适用于可以发生冷焊的金属材料，对非金属材料不适用。

此外，研究发现摩擦力在原子级晶体界面的摩擦实验中并未消除，说明除了机械啮合、黏着等宏观摩擦机理外，还存在着更为基础的能量耗散过程，目前微观摩擦理论的主要模型包括"鹅卵石模型"、振子模型和声子摩擦模型。

1.2.2　磨损理论研究

磨损是相互接触的物体在相对运动过程中表层材料不断损伤的过程，是伴随摩擦而产生的必然结果。相比于摩擦，磨损要复杂得多，直至今日对磨损机理的理解还不是十分清楚。常见的磨损类型主要有：黏着磨损、磨粒磨损、表面疲劳磨损和腐蚀磨损。

　　一般情况下,一对摩擦副的整个磨损过程由三个阶段组成,分别是磨合磨损阶段、稳定磨损阶段和剧烈磨损阶段,磨损过程中的磨损量和磨损率随时间的变化曲线如图 1.1 所示。各个阶段的摩擦学行为具有不同的规律,其中磨合磨损阶段出现在摩擦副开始运行的时刻,磨损率随着时间的增加而逐渐减小;摩擦副表面经过磨合磨损阶段后进入稳定磨损阶段,磨损率在此期间保持不变,摩擦副处于正常工作状态;剧烈磨损阶段的磨损率随着时间的增加而迅速增加,使得工作条件急剧恶化,出现震动和噪声,温度急剧升高,从而导致摩擦副完全失效。

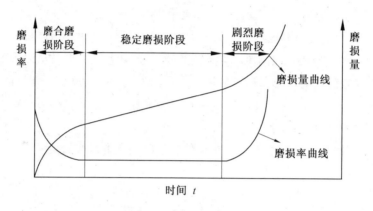

图 1.1　磨损过程曲线

　　磨合磨损阶段是摩擦副整个磨损过程中最为重要的阶段,是加工表面经过动态磨损达到具有稳定低磨损率表面的过程,是一个涉及表面形貌、材料的物化特性等诸多因素的复杂的动力学过程。经过机械加工的表面往往存在各种缺陷,使得结合面在摩擦发生的初始阶段由于微凸体峰顶的接触压力过高而产生剧烈的磨损。因此,新机器在正常运行之前或者大修后的机器在投入使用之前,一般都需要经过磨合,以使摩擦副表面的接触状态达到动态平衡。接触面上的表面形貌在磨合过程中发生剧烈变化,通过微凸体的峰顶发生接触磨损和塑性变形,从而使得摩擦副的表面形貌得到改善,接触面积和微凸体的峰顶半径显著增大,摩擦系数、接触压力和磨损速率逐渐降低,并最终趋于稳定,此时的摩擦副进入稳定磨损阶段。随着磨合时间增长,接触表面的接触状态由塑性接触过渡到弹塑性接触,甚至弹性接触状态。良好的磨合可以使运动副具有优良的承载特性和低的磨损率、摩擦系数及机械损失,从而提高摩擦副的使用寿命,改善机器的工作特性和经济性。

　　磨合磨损过程中涉及的重要的磨损理论有:黏着磨损理论、能量磨损理论、剥层磨损理论和疲劳磨损理论。

1.2.2.1　黏着磨损理论

　　运动副在高速、高载荷下运行时,相互接触的微凸体的峰顶承受了很高的压强,接触压强最高可达 5 000 MPa,大量的摩擦热流在瞬间导入接触微凸体的峰顶,产生 1 000 ℃以上的瞬时温度,高温使得峰顶发生熔融黏着,在之后的滑动过程中黏着节点被破坏,脱落成为磨屑,或者由一个表面迁移到另一个表面从而形成黏着磨损。该黏着磨损理论最早由 Holm 提出，Archard 于 1950 年对这一理论进行了发展，认为磨损体积与法向载荷和滑动距离成正比，与材料硬度成反比，并且磨损率不受接触面积、滑动距离以及滑动速度的影响。1965 年，Rabinowicz 在考虑表面膜的影响以及切向应力使得接触点的尺寸增加的情况下，对 Archard 磨损定律进行了修正，得到修正后的体积磨损率为

$$\frac{dV_{vol}}{dS} = k_m \ (1 + \beta_1 \mu^2)^{1/2} \beta_2 \frac{W}{\sigma_s} \tag{1.7}$$

其中，V_{vol} 为磨损体积；S 为滑动距离；k_m 为与摩擦副相关的系数；β_1 为常数；β_2 为与表面膜有关的系数。

1.2.2.2 能量磨损理论

能量磨损理论最早由 Fleisher 于 1973 年提出，其基本观点为摩擦过程中所做的功大部分转化为热能，剩余的小部分功以势能的形式被储存在摩擦副材料中，当一定体积的材料内的势能累积达到临界值后，便会对表面产生破坏，使材料以磨屑的形式从表面脱落下来。

在分析过程中，引入了能量密度的概念，即单位体积材料内吸收或者消耗的能量。如果通过 n 次摩擦后形成磨屑，则能量磨损理论中，线磨损率的计算公式可以表示为

$$I_h = \frac{\tau_y \varepsilon_1 (\varepsilon_2 n + 1) \varepsilon_3}{n E_b} \tag{1.8}$$

其中，I_h 为线磨损率；τ_y 为单位面积上的摩擦力；n 为临界摩擦次数，受载荷与材料吸收和储能能力的影响；E_b 为总能量密度；ε_1、ε_2、ε_3 等与材料特性和微观机械特性有关，但是这些参数之间的关系还不是十分清楚，因此难以将能量磨损理论直接用于对磨损量进行解析计算，只能通过实验的方法进行研究。

1.2.2.3 剥层磨损理论

Suh 通过对以往大量的实验结果进行总结，基于弹塑性力学理论，于 1973 年建立了一种较为完善的磨损理论，即金属剥层磨损理论。剥层磨损理论以金属的位错理论以及靠近金属表面的断裂和塑性变形为基础，对层状结构磨屑的形成机理进行了解释。该理论认为，当摩擦副相互滑动时，较软表面在循环载荷的作用下，表层产生剪切塑性变形并且不断累积，使得金属表层内产生周期性位错。随着剪切变形的不断累积，逐渐在表层下的变形层中发生位错堆积，从而导致裂纹或空穴的产生。由于裂纹向深度方向扩展受平行表面的正应力的阻碍，因此裂纹和空穴结合在一起沿着近似平行于表面的方向上延伸。当裂纹扩展到表面时，表层材料形成薄而长的磨损层，并最终以片状磨屑的形式脱落下来。

较硬表面在较软表面上滑动时，变形层中的高位错密度由于位错堆积形成裂纹和空穴，最终演变为片状磨屑并脱落。而低位错密度层由于可以承受很大的塑性变形而不会产生断裂。Suh 假设片状磨屑的厚度等于低位错密度区的深度，即有

$$h_1 = \frac{G_s \boldsymbol{b}}{4\pi (1 - \nu) \sigma_j} \tag{1.9}$$

其中，h_1 为低位错密度区深度；G_s 为剪切弹性模量；ν 为泊松比；σ_j 为表面摩擦应力；b 为 Burger 矢量。

剥层磨损理论中体积磨损率为

$$\frac{\mathrm{d}V_{\mathrm{vol}}}{\mathrm{d}S} = \frac{G_s b}{4\pi s_0 (1-\nu)\sigma_j} \cdot \frac{W}{\sigma_s} \tag{1.10}$$

其中，s_0 为临界滑动距离，与裂纹和空穴的形成时间以及裂纹扩展到临界尺寸的速度有关。

从式(1.10)可以看出，与 Archard 磨损定律不同，材料硬度不直接对磨损量产生影响。

1.2.2.4 疲劳磨损理论

当两个物体相对滚动或者滑动时，重复性的加载、卸载循环会引起材料表层发生变形和产生裂纹，并逐步扩展，当超过一定的循环次数之后，表层材料最终剥落而形成凹坑，形成表面疲劳磨损，也叫接触磨损。

克拉盖尔斯基首先提出了疲劳磨损理论，之后 Halling 在其基础上提出了类似于 Archard 黏着磨损方程的表面疲劳磨损方程。

磨损过程中，表面接触峰顶的疲劳破坏形式与接触状态有关。在弹性接触过程中，达到疲劳磨损破坏的应力循环次数在数千次以上；而塑性接触下，通常几十次以上的循环次数便可以造成破坏。对于弹性接触过程，达到疲劳破坏的循环次数与应力的关系式为

$$n_e = \frac{\sigma_0}{\sigma_b} t_e \tag{1.11}$$

塑性接触下达到疲劳破坏的循环次数与变形的关系式为

$$n_p = \frac{L_0}{L_p} t_p \tag{1.12}$$

其中，n_e 和 n_p 分别为弹性和塑性接触状态下达到疲劳破坏的循环次数；t_e 和 t_p 分别为在弹性和塑性接触时疲劳曲线的指数；σ_0 和 L_0 分别为加载时应力和变形的临界值；σ_b 和 L_p 为相应的实际应力和实际变形。

克拉盖尔斯基等人建立的疲劳磨损理论为一些机械零件的磨损量的计算提供了参考依据，但是疲劳磨损的计算相当复杂，需要考虑载荷、材料物性、表面形貌、疲劳特性等多个因素，因此计算公式相当复杂，使其在应用上具有一定的局限性。

上述磨损理论均是在实验测试结果的基础上建立起来的物理模型，再借助相关理论推导出计算磨损的量化关系式。由于影响磨损的因素众多，因此推导出的磨损计算公式中仍然存在一些难以确定的变量，导致这些公式在实际应用中受到阻碍。截至今日，对于磨损理论的研究仍然不是很完备。

1.3 粗糙表面接触模型研究进展

看似平坦的表面在微观尺度上都是粗糙的，因此两个平面之间的接触实际上是微凸体与微凸体之间的接触，由于只有很少的微凸体的峰顶发生接触，真实的接触面积只占名

义接触面积非常小的部分,为名义接触面积的 $0.01\% \sim 0.1\%$。真实接触面积的大小和分布对接触面上的摩擦、磨损、导热、导电等性能具有非常重要的影响。粗糙表面的接触问题已经成为摩擦学中最重要的研究课题之一。

在对粗糙表面的接触问题进行分析时,首先要考虑采用什么样的粗糙表面接触模型来描述微凸体的形状大小和分布特征。目前,根据对真实粗糙表面数学描述方法的不同,已经得到大多数学者认可的粗糙表面的理论接触模型分为两大类:一类是以 GW 接触模型(简称 GW 模型)为代表的统计接触模型;另一类是以 M-B 分形接触模型(简称 M-B 模型)为代表的分形接触模型。

1.3.1　基于统计学的粗糙表面接触模型研究

由于粗糙表面上微凸体峰顶的形状、高度、曲率半径以及概率密度都是随机分布的,因此粗糙表面形貌实际上是一个随机的过程,需要借助统计参数来描述。采用将经典的接触力学理论与粗糙表面的统计描述相结合的统计接触模型,可以对随机粗糙表面的接触行为进行分析。统计接触模型需要对微凸体的峰顶形状、高度分布、曲率半径大小等进行假设。

1882 年,Hertz(赫兹)首次将弹性体看作二次曲面,并且对弹性体的变形和接触问题进行了分析,提出了非黏着弹性接触理论,即 Hertz 接触理论。该理论假设接触应变很小,在弹性界限内;接触表面是光滑连续的,接触面积远小于接触体的特征尺寸;相互接触的物体之间不存在相对运动,也不存在切向的摩擦力;在靠近接触区的区域内,每个物体都可看作半无限大的弹性体。Hertz 弹性接触理论为经典的接触模型提供了理论基础,迄今为止仍然是研究接触问题的重要理论之一。

1933 年,在 Hertz 接触理论所描述的半球形微凸体弹性接触状态的基础上,Abbott 和 Firestone 提出了完全塑性变形阶段接触面积的计算方法,认为在完全塑性变形情况下,单个微凸体半球与一个刚性平面接触产生的接触面积等于用刚性平面沿法向移动变形量 ω' 后,微凸体顶端被截所得的面积,即 $A_{AF} = 2\pi R\omega'$。并且指出球形微凸体的接触载荷可以简单地用接触面积乘以平均接触压力来计算,由于接触是完全塑性的,此处的平均接触压力即为硬度,完全塑性接触载荷表示为 $P_{AF} = 2\pi R\omega' H$。AF 模型的提出,为之后的微凸体接触理论模型的推导和改进提供了参考,但是实际微凸体的接触面积并不完全等于微凸体顶端的横截面积,而仅仅是一种近似。

Bowden 于 1950 年建立了可以解释经典摩擦定律的描述粗糙表面接触的塑性变形模型。

1966 年,Greenwood 和 Williamson 在统计分析的基础上共同提出了粗糙表面和光滑表面之间的弹性和弹塑性混合接触模型,即 GW 模型。该模型假设粗糙表面上分布有大量的微凸体,微凸体的形状至少在峰顶处为球形,并且具有相同的曲率半径;微凸体的高度是随机分布的;在接触过程中产生的变形较小,并且只考虑微凸体的变形,不考虑基

体的变形以及微凸体之间的相互作用。GW 模型中,弹性接触范围内的微凸体接触总数
n'、真实接触面积 A 以及总接触载荷 P 随两个参考平面之间的分离距离的变化关系为

$$n' = \eta' A_{\text{nom}} F_0 (h') \tag{1.13}$$

$$A = \pi \eta' A_{\text{nom}} R \sigma F_1 (h') \tag{1.14}$$

$$P = \frac{4}{3} \eta' A_{\text{nom}} E^* R^{1/2} \sigma^{3/2} F_{3/2} (h') \tag{1.15}$$

GW 模型假设表面上所有微凸体的峰顶半径均等于 R ,式(1.13)至式(1.15)中用标
准偏差 σ 来描述微凸体的峰顶高度分布;η' 为微凸体的表面密度;A_{nom} 为名义接触面积;
$h' = h_0 / \sigma$, h_0 为两个表面各自的参考平面间的距离;E^* 为复合弹性模量。

函数 $F_n (h')$ 为

$$F_n (h') = \int_{h'}^{\infty} (s - h')^n \phi^* (s) \mathrm{d}s \tag{1.16}$$

其中, $\phi^* (s)$ 为微凸体峰顶高度的标准概率密度分布函数。

此外,GW 模型通过引入塑性指数的概念,并且借助塑性指数 Ψ 将材料本身的特性
与接触面上微凸体的变形联系起来,为衡量接触方式是弹性接触还是塑性接触提供了判
断准则,即当塑性指数较小时为弹性变形,当塑性指数较大时为塑性变形;并且指出被普
遍认可的小载荷下发生弹性变形,随着载荷的增大逐渐进入塑性变形的想法是不正确的。
通过试验发现,当 $\Psi < 0.6$ 时,即使在载荷很大的情况下,微凸体变形也是弹性的;当
$\Psi > 1$ 时,即使载荷很小,微凸体的变形也是塑性变形;但当 Ψ 取中间值,即 $0.6 \leqslant \Psi \leqslant 1$
时,微凸体的变形情况取决于载荷的大小,Ψ 值越大,塑性变形所占比例越大。

GW 模型是首次在考虑表面微观形貌参数的基础上建立的接触模型,与之前的接触
模型相比更接近于真实表面的接触情况,而且在表面微凸体高度分布为高斯分布时能对
经典摩擦定律做出满意的解释,为滑动粗糙表面的热动力学研究奠定了基础,因此至今仍
然作为各种接触模型的基础。

之后的学者对 GW 模型进行了一些改进。Whitehouse 和 Archard 于 1970 年建立了
WA 接触模型(简称 WA 模型),认为微凸体的高度和峰顶曲率半径的大小都是随机变
量,且表面轮廓的自相关函数为指数形式,其分析结果与 GW 模型相一致。Nayak 则进
一步将随机表面模拟成一个二维的正态分布过程,认为微凸体的高度、斜率和峰顶的曲率
半径均服从高斯分布,并且对各向同性的高斯表面弹性接触分析的结果与 GW 模型和
WA 模型相类似。McCool 和 Bhushan 等在进行表面接触分析时,采用了除表面高度标
准差以外的表面斜率标准差和曲率标准差等统计学参数来表示决定 GW 模型的三个几
何参数。

2000 年,赵永武等提出了一个弹塑性模型(ZMC 模型),该模型将微凸体变形分为三
个阶段:弹性变形(用 Hertz 接触理论描述)、弹塑性变形(通过引入另一个模型进行描述)
和完全塑性变形(采用 AF 模型描述)。该模型存在微凸体接触压力的变化在变形转化临
界点处不光滑和完全塑性变形临界点不确定等不足。

2007 年,针对之前模型的不足,基于接触力学理论及接触微凸体由弹性变形转化为弹塑性变形以及最终向完全塑性变形的转化均是连续和光滑的假设,赵永武等又提出了一个新的粗糙表面的弹塑性接触模型;给出了单个微凸体与刚性表面之间在三种接触变形方式下的凸峰实际接触面积和平均接触压力与法向变形量之间的关系,以及粗糙表面间的微凸体接触的总个数。此外,其还将该模型与 GW 模型进行了对比,指出在同样的塑性指数和载荷条件下,采用该模型得到的实际接触面积小于 GW 模型预测的结果。该模型虽然在数学上满足连续性要求,但是与微凸体实际变形之间还是存在一定的差异。

2006 年,Jeng 等通过对非高斯表面的接触进行分析,指出非高斯表面的实际接触面积与载荷的关系不同于高斯表面,一定范围内的正偏态和高峰态使得实际接触面积减小,从而对减小摩擦磨损起到了积极的作用。

2008 年,Ciavarella 等考虑了微凸体之间的相互作用对粗糙表面的接触行为的影响,对 GW 模型进行了修正,提出了适用于中等载荷下微凸体弹性接触的多尺度接触模型。

统计接触模型中的表面粗糙度参数具有尺度依赖性,受测量仪器的分辨率和采样间隔的影响很大;而且大多数采用 GW 理论假设的接触模型都将微凸体视作弹塑性体,认为微凸体之间相互远离,从而忽略了微凸体之间的联系;并且没有考虑粗糙表面在相对滑动过程中产生的摩擦力和摩擦热。但是统计接触模型为滑动粗糙表面间的接触热动力学研究奠定了一定基础。

1.3.2　基于分形技术的粗糙表面接触模型研究

现代表面测试技术已经可以对真实的粗糙表面轮廓进行更为准确的测量,无论是横向间距还是纵向高度都可以给出较为精确的结果。由于取样长度的减小,表面上越来越细小的特征得以显现,因此在以往取样长度较大的情况下,被认为是单个微凸体来描述的表面特征在小取样长度下呈现为较大的微凸体上的一系列较小的微凸体的集合。

1957 年,Archard 在其非常有远见的 *Elastic Deformation and the Laws of Friction* 一文中首先体现出了分形的思想,他将多尺度粗糙表面看作较大尺度的球形微凸体上承载了一簇较小尺度的球形微凸体。Archard 进行此项研究的动机与 Greenwood 和 Williamson 相类似,他试图解释在弹性接触方式下,接触面积与载荷间的关系为非线性时,摩擦系数如何保持为常数。Archard 的接触模型首先给出了接触面上单个球体发生接触时,接触面积与外加载荷间的关系式为 $A \sim P^{2/3}$;当单个球形基底上承载了一簇更小尺寸的球形微凸体时,接触面积和载荷的关系式为 $A \sim P^{8/9}$;事实上,Archard 在每个更小的球形微凸体上又加入了第三层更小的球形微凸体,并且得到接触面积和载荷的关系式为 $A \sim P^{26/27}$。由此可知,如果上述的多尺度结构被无限延伸,接触面积与载荷之间将最终呈线性关系。

Archard 提出的用体积不断减小的球形微凸体生长在较大球形微凸体上的模型所构成的表面即为现在所谓的分形表面。换句话说,当用理论上无限延伸没有界限的越来越小的尺度来检测表面时,持续减小的自相似特征就会被显现出来。

　　20 世纪 90 年代,学者们对分形过程进行了大量研究,其中以 Majumdar 的研究成果最为显著。1990 年,Majumdar 等人建立了最早的粗糙表面的分形模型,并且对其进行了进一步发展。他们将实际的两个粗糙表面之间的接触等效为一个由 W-M 分形函数决定的粗糙表面与一个光滑的刚性表面之间的接触,并且将微凸体的变形简化为完全弹性变形和完全塑性变形两个阶段。Majumdar 给出了单个微凸体的临界变形量 δ_c、临界接触面积 a_c 以及弹性、塑性变形方式下的接触载荷的表达式,并指出临界接触面积 a_c 由材料的特性参数以及分形参数决定,微凸体的大小对其不产生影响,因此 a_c 是与尺度无关的量。M-B 模型认为当单个微凸体的接触面积 $\bar{a}$ 大于临界接触面积 a_c,即 $\bar{a} > a_c$ 时,有 $\delta < \delta_c$,产生的是弹性变形;反之当 $\bar{a} < a_c$ 时,有 $\delta > \delta_c$,产生的是塑性变形。上述结论与传统的 Hertz 弹性接触模型以及经典的 GW 模型所得到的结论相反。

　　Majumdar 等在 Mandelbrot 对海岸线分形特征的研究结果的基础上类比出接触点个数的分布函数,即 $N(A > \bar{a}) = (a_1 / \bar{a})^{D/2}$,其中 a_1 为微凸体的最大接触面积。对其微分可以得到微凸体接触面积的尺寸分布函数为

$$n(\bar{a}) = \frac{D}{2} \cdot \frac{a_1^{D/2}}{\bar{a}^{D/2+1}} \tag{1.17}$$

其中,D 为分形维数。

　　随着分形尺度的减小,表面结构趋近于无限精细,因此最小接触点的面积可以认为近似等于 0,由此可以得到整个接触范围内实际接触的总面积为

$$A = \int_0^{a_1} n(\bar{a}) \bar{a} \, \mathrm{d}\bar{a} = \frac{D}{2 - D} a_1 \tag{1.18}$$

同理,接触面上的总接触载荷为

$$P = \int_0^{a_1} n(\bar{a}) p(\bar{a}) \, \mathrm{d}\bar{a} \tag{1.19}$$

　　M-B 模型认为微凸体由完全弹性变形转变到完全塑性变形的过程是瞬间完成的,没有考虑两者之间的过渡状态,即弹塑性变形,也没有考虑接触面间的摩擦力对微凸体接触状态的影响。

　　1994 年,Wang 和 Komvopoulos 针对 M-B 模型的不足,在完全弹性变形与完全塑性变形两个阶段之间引入了一个弹塑性变形的中间过渡阶段,建立了 W-K 分形接触模型,从而使得完全弹性变形到完全塑性变形之间的转化不再是一个突变的过程,并将修正后的 M-B 模型应用于研究慢速和快速滑动的粗糙表面上的摩擦升温情况。W-K 分形接触模型区分了微凸体接触面积和微凸体横截面积的概念,并通过真实接触面积和微凸体横截面积之间的联系,最终得到载荷与微凸体实际接触面积之间的关系式。但是该模型只研究了发生弹性接触时微凸体真实接触面积和横截面积之间的关系,并且将其应用于微凸体变形的各个阶段,这与实际情况是不相符的。

张学良等根据球体与平面接触的切向接触刚度和粗糙表面的接触分形理论,建立了具有尺度独立性的结合部切向接触刚度分形模型;并且通过数字仿真计算直观地显示了结合部切向刚度与结合部的法向载荷和切向载荷之间复杂的非线性关系。

刘红斌等采用引入接触因子的平均流动模型,在 M-B 模型的基础上,分别对考虑和不考虑粗糙表面接触峰顶变形下的流量因子和接触因子进行了计算,研究了分形表面接触变形对润滑状态的影响。结果表明接触变形使得各因子减小,其中对剪切流量因子的影响最大。

冯秀等在假设法兰与金属垫片之间为静接触的前提下,在 M-B 修正模型的基础上建立了法兰与金属垫片密封表面之间的分形接触模型,并推导出真实接触面积与压紧应力之间的无量纲关系式。

魏龙等考虑微凸体的变形特征和摩擦作用的影响,建立了滑动摩擦表面的分形接触模型,发现表面形貌一定时,实际接触面积随着载荷的增大而增大;载荷保持不变时,实际接触面积随着分形维数的增大而先增大后减小,并且随着特征尺度系数的增大而减小。

与基于统计学的粗糙表面的接触模型相比,分形接触模型的分析结果不受取样长度和测量仪器分辨率的影响,是确定和唯一的。但是,并非所有的工程表面都具有分形的特征,并且分形接触模型在理论推导中仍然存在不足,从而限制了分形接触模型的适用范围。

1.4 摩擦温升的研究进展

1.4.1 摩擦温升的解析计算方法

在摩擦过程中,由于受瞬时摩擦热分配、接触界面材料热力学性能影响带来的热传导及二次分配、表面形貌的改变、实际接触面积的变化等诸多因素影响,表面摩擦温升处于不断变化之中,因此,理论计算有其难度与复杂性。关于摩擦表面温升的计算,已经有很长的历史,1937 年 Blok 在假设温度在摩擦界面处连续,且热分配系数由最大温升决定的基础上,使用 Hertz 接触模型,计算了接触表面的二维摩擦温升,并实验验证了计算值与测量值的趋势相近。Jaeger 于 1942 年提出了一种基于贝塞尔方程的渐近线方法,近似求解摩擦热分配系数,假设摩擦运动体为热源输入,在接触界面分配传导后,使用热传导方程计算了接触区的最高及平均温升。Ling 在稳态下,假定移动半无限体与一个静止的带状热源接触中每一点的温度升高相等,计算了接触区摩擦热的分配函数,该方法适用于接触几何图形能够抽象成条状的半无限体。1971 年 Francis 推导出了快速滑动下,Hertz接触时稳态温升的解析式,在快速滑动滑块和静止块的热分配问题上,使用了 Archard 模型结论。Kennedy 使用有限元方法,研究了稳态时滑动系统的表面温升情况,假设两个热源相对静止,在接触界面施加热载,并对有限元节点的温升进行了逐一匹配,虽然结果具有较好的匹配精度,但是不能模拟整个摩擦运动过程。Lai 等研究了移动光滑表面与弹性粗糙表面在油润滑时的瞬态温度场,使用微分离散化再积分的方式计算温升,温度分配系数采用 Archard 模型的结果。Tian 和 Kennedy 考虑了局部温升(jump)、平均温升的关系,并将二者统一起来,进一步完善了温升计算模型。Bos 等利用基于松弛 Jacobi 矩阵的多网格方法,计算接触区所有节点温升,对高、低不同的 Peclet 常数下的计算结果进行了分析讨论。Knothe 等利用 Laplace 变换和 Green 函数法,解析求解了滑动工况下二维轮轨模型的摩擦温度场,讨论了由表面不平顺、局部缺陷引起的压力波动对摩擦温度场的影响。摩擦副摩擦热在界面的分配问题,直接决定了摩擦温升计算的准确性。Komanduri 等运用函数分析法,研究了滑动摩擦中各点的摩擦热分配系数并给出了温度分布的解析解。Bansal 等用回归分析法研究两滑动半无限体在没有局部温升跳动下的稳态温度分布,结果表明此方法是一种较精确的计算滑动体温升的方法。Tudor 等使用解析计算的方法,研究了机车车轮与铁轨及车轮与刹车机构的热分配问题,指出热分配系数在摩擦过程中不断变化,随着车轮散热率的增加,向车轮分配的系数会增大。

总体来讲,解析法计算摩擦温升的基本步骤是:首先计算或假定热分配系数;然后计算 Peclet 常数,界定热传导的方式和方向;最后使用热传导基本方程和能量守恒定律联立进行求解。求解过程会基于必要的假设和简化,以求得微分方程的解析解。或者,在经典解析计算模型的基础上,考虑实际摩擦工况,运用不同接触模型,建立更适合实际摩擦情况的温升计算式,求取解析解。

1.4.2　摩擦温升的数值计算方法

在求解复杂工程问题时,解析法往往不能满足要求。随着数值计算算法的更新及相关软件的开发,基于有限元的数值分析方法得到了广泛应用。1980 年,Hughes 等使用有限元法,分析了液体润滑膜在摩擦过程中的温升,以及由温度升高引起的相变问题。Lebeck 建立了工程实际中的密封模型,应用有限元方法在不同换热系数下,计算了其温度场,但是由于没有区分密封环界上的强制和自然对流换热,以及润滑膜在膜厚方向上的温度梯度变化,因此计算结果存在一定误差。Li 利用有限元法,计算了机械密封中的摩擦温升及由此引起的热变形问题,模型假设流体的特性不随温度变化,在密封界面输入一定的热流,获得了密封环温度场的数值解,并绘制了摩擦副的等温线。Gupta 等利用有限元模型计算了轮轨的摩擦温升和热应力,在其模型中,把接触斑内的椭球形热流分布简化为平均分布,并考虑了热对流的作用,结果表明,这种简化可以较精确地得出平均温度的变化趋势,但若用于求解温度的瞬态变化以及与温度瞬态变化密切相关的热应力等,则存在一定局限。Ertz 等使用解析法分析了具有任意摩擦热流分布的滑滚动接触温升问题,并考虑了摩擦副之间的热传导以及自由表面的热对流后,将解析法计算的结果作为数值计算的前处理,再运用数值解析求解滑滚接触摩擦模型的温升问题,为该类模型的计算提供了一种有效的方法。Ahlström 等建立了二维有限元模型,模拟车轮滑行时的温度场以及材料的组织转化,该模型考虑了材料热参数随温度的变化以及相变潜热的影响问题。Qiu 等在混合润滑接触条件下,使用影响系数方法计算了界面温升,计算中的热分配系数采用节点匹配法,但是结果证明,有些节点出现匹配失效的问题。Lestyán 等使用有限元方法计算了铝和钢摩擦过程中的温升,实验测量温度与模型计算值基本吻合,显示了数值法计算摩擦温升的有效性。

应用有限元方法求解摩擦温升数值解,主要包括前处理、加载求解和后处理三个步骤。前处理主要是建立几何模型、划分网格、赋予材料属性以及编写和导入计算流程;加载求解过程包括设定分析类型和求解器、施加载荷、设定和施加边界条件、生成和求解矩阵方程;对计算结果的后处理,则可以根据分析的需要,选择通用历程后处理和时间后处理。求解过程是通过不断生成矩阵的多次迭代运算而得出结果,而生成和求解的计算控制方程比较重要;另外,选择不同边界条件,也会对温升计算结果产生较大影响。对于解决工程实际中的复杂问题,解析计算方法可能带来较大误差,一般选用数值计算方法。

1.4.3　摩擦温升的主要测量方法及分析手段

摩擦温升的测量方法分为接触式和非接触式测量两种。接触式测量需要测量元件与被测物体直接接触,例如在测温区域下方预埋热电偶及在其表面粘贴薄膜热电偶等。该方法的优点在于不受外界环境及材料性能影响,测量数据相对准确可靠。但缺点是,热电偶位置与接触表面有一定距离,不能实时测量到真正的表面温升,而且测量数据具有一定滞后性。Kitagawa 等研究了切削过程中刀具表面的温升测量问题,下方热电偶与上方测得温升趋势一样,但是数值降低了约 15% 且反应略微滞后。Basti 等和 Shinozuka 等将薄膜热电偶植入(封装到)刀具涂层内部,测量了刀具在切削过程中的摩擦温升,提高了测量灵敏度,但是测量元件容易在切削磨损中受到影响。

非接触式测量表面温升方式主要有红外测温法和金相观察法。红外测温法的优点是通过对红外发射的接收,能够实时观察到表面的温度变化情况;缺点在于观察视野较小,而且接收信号容易受材料的发射率及外界环境干扰,测量温度的准确性及稳定性不高。Kaplan 等综述了红外热像仪的广阔应用前景;Dufrénoy 等和 Majcherczak 等使用红外测温法测量了刹车片的摩擦温升。图 1.2 所示为典型红外测温系统。但是,由于材料表面发射系数在测量中会随温升及环境因素变化等,测量精度会受影响。以 Kasem 等为代表的一些学者使用实时测量热发射系数补偿红外测量误差的方式,提高了非接触式测量的精度,但对材料表面性能及测量环境等要求较高,普适性不强。如图 1.3 所示,由于不同温度下某些材料有明显的金相差别,因此,Peng 等通过观察金相,判断摩擦过程中局部瞬时温度的最大值。这种测温方式仅能用于估测,对测量摩擦中局部瞬间产生的高温较有效。同时,利用扫描电子显微镜(SEM)、原子力显微镜(AFM)及 X 光电子能谱仪(EDS)等表面分析仪器,对摩擦后磨痕表面形貌、组成成分、氧化情况、活性变化情况等进行分析,也能间接分析和表征其在摩擦过程中的温升变化。

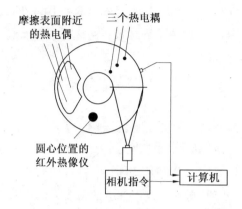

图 1.2　红外测温系统

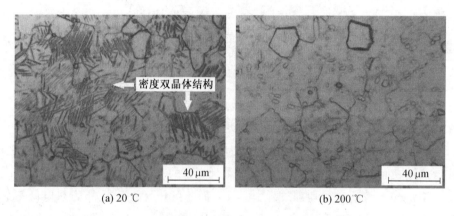

(a) 20 ℃ （b) 200 ℃

图 1.3　不同温度下的金相图

1.4.4　表面织构影响摩擦温升的应用实验研究

Sugihara 等研究了平行于刀具切削刃的微沟槽织构在切削铝合金时对切削摩擦温升的影响,结果表明在微沟槽深度为 5 μm 时,能够较好地改善摩擦温升和切削性能。Xie 等在切削钛合金的硬质合金刀具上,制备了深度为 7~149 μm 及宽深比为 0.14~0.50 的沟槽表面织构,并在刀具下方预埋热电偶,测量了切削温升。切削实验结果显示,在织构深度为 5 μm、宽深比为 0.32 时,切削温升降低最多,如图 1.4(a)所示,与未织构刀具相比,最高温升降低 103 ℃。图 1.4(b)展示了不同深度织构的切削温升变化,可见织构在 25~149 μm 深度范围,随着织构深度减小,温升降低,但是当织构深度在 7 μm 时,温升又有显著提高,这是由于该尺寸不能提供足够的摩擦热耗散空间。Chang 等研究了不同深度的沟槽形织构刀具切削模具钢 NAK80 时的切削性能。结果显示在有切削液润滑下,7.5 μm 深度织构能显著降低切削力和切削温升。Kawasegi 等在 DLC 涂层刀具上制备 1.3 μm 深的沟槽织构,切削实验表明,切削力较织构前有明显降低,温升有所改善,但是对于没有 DLC 涂层的普通刀具不存在这个规律。以上学者的研究表明在微米尺度上,表面织构对于摩擦表面温升有一定影响作用。

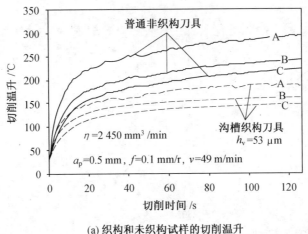

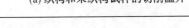

(a) 织构和未织构试样的切削温升

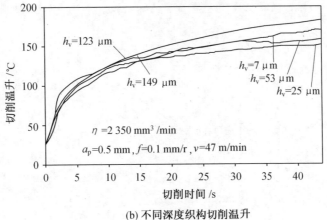

(b) 不同深度织构切削温升

图 1.4 不同织构参数下切削温升与时间的关系

注:图中 A,B,C 表示三个测温点;h_v 表示沟槽织构深度;η 表示材料去除率;a_p 表示切削深度;f 表示进给速率;v 表示切削速度。

Deng 等利用飞秒激光在 WC/TiC/Co 硬质合金刀具的前刀面制备深 200 nm、宽 600 nm 左右的类似沟槽形织构,并运用 PVD 技术在织构表面沉积 $70 \sim 100$ nm 厚的 WS_2 固体润滑涂层。对没有织构、有织构、织构加涂层的三种刀具与硬质钢进行了切削对比实验,结果如图 1.5 所示。织构表面和织构加涂层的表面均具有较好的切削性能(切削力、切削温升、摩擦系数均降低),而且织构加涂层的刀具表现出更好的切削性能,这主要是由于固体润滑剂带来了摩擦及温升的降低。Enomoto 等实验证明,在切削或研磨铝材时,在刀具的前刀面制备纳米尺度的沟槽织构比微米尺度的沟槽织构,能更有效地减小黏着和摩擦温升。

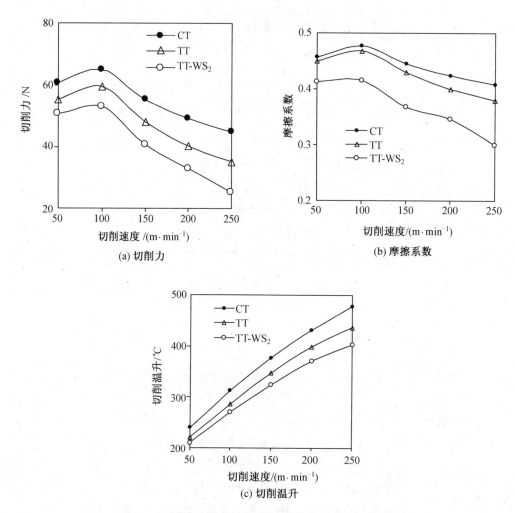

图 1.5　不同切削速度下的切削力、摩擦系数和切削温升

注：图中 CT 表示未织构刀具；TT 表示织构刀具；TT-WS$_2$ 表示织构加 WS$_2$ 涂层刀具。

　　除了上述探讨织构尺度大小（尺寸）对摩擦温升的影响外，有学者研究了织构的形状和分布对温升的影响。Xing 等分别在微米和纳米尺度上制备了平行于切削刃、垂直于切削刃、W 形沟槽表面织构，如图 1.6 所示。使用 MoS$_2$ 作为润滑剂，在干切削环境下，实验研究了不同切削速度下的未织构及三种织构分布刀具的温升和摩擦系数。结果显示，与未织构刀具相比，设计的沟槽织构均能降低切削力、温升和摩擦系数，但是 W 形织构能更大幅度降低摩擦中的温升，如图 1.7 所示。分析认为减小了黏着可能是织构能较大幅度降低摩擦系数的原因。

图 1.6 不同分布及形状的沟槽表面织构

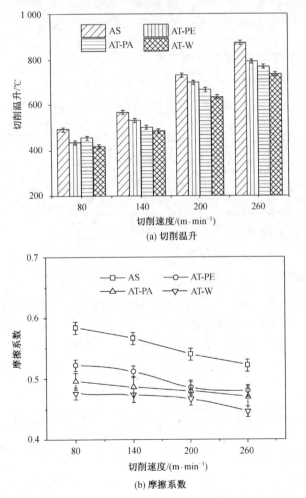

图 1.7 不同织构形状及分布下的切削温升和摩擦系数

注:图中 AS 表示未织构刀具;AT-PE 表示垂直于切削刃的沟槽织构;AT-PA
表示平行于切削刃的沟槽织构;AT-W 表示 W 形沟槽织构。

Ling 等运用皮秒激光在钻头的凸起面,制备了不同面积率的矩形沟槽状织构,如图 1.8 所示,在持续对铝板钻孔的钻头寿命测试实验中,研究了不同织构面积率对钻头温升的影响。图 1.9 所示为该研究中温升的测量结果,可见表面织构降低了最大摩擦温升。通过表面织构设计,降低了加工过程的最高摩擦温升,减少了黏着磨损发生,提高了钻头的使用寿命。

(a) 未织构　　　　　　(b) 10%面积率沟槽织构　　　　　(c) 20%面积率沟槽织构

图 1.8　　不同面积率的矩形沟槽织构分布

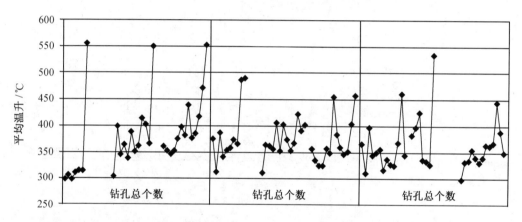

图 1.9　　不同面积率(0、10％、20％)矩形沟槽织构的平均温升

上述研究表明,在微米和纳米尺度,通过合理的沟槽状表面织构设计,能够在切削等发热量较大的极端工况下明显降低表面温升。这对于提高刀具寿命、减少黏着发生和提高被加工件的表面光洁度都具有重要意义。但是,这些研究都集中于应用及实验研究,对于机理分析不足。

1.5　表面织构及其对摩擦学性能影响的研究进展

关于表面织构改善摩擦学性能的研究与应用,已有很长历史,其中特征形貌尺寸在数十微米至若干毫米量级的表面织构,在工业领域应用比较普遍,如金属材料轧制中轧辊的表面图案化、滑块轴瓦上的刮痕、机械密封中密封面的图案化、内燃机缸套内壁上的网纹结构、轴承接触面的图案化等。研究较多的典型表面织构形状为圆形凹坑、长条形凹槽、椭圆凹坑、方形凹坑、网格状凹槽和三角形凹坑等,如图 1.10 所示。

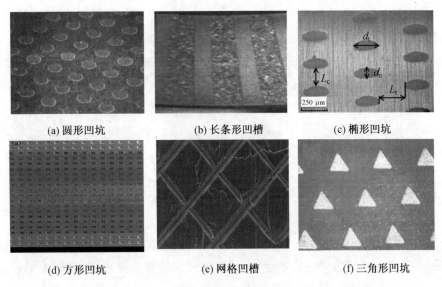

(a) 圆形凹坑　　　　　　　(b) 长条形凹槽　　　　　　　(c) 椭形凹坑

(d) 方形凹坑　　　　　　　(e) 网格凹槽　　　　　　　(f) 三角形凹坑

图 1.10　研究较多的典型织构图案

1.5.1　表面织构加工技术

探索合适的表面织构加工方法，是实验研究表面织构摩擦学性能的重要基础。目前常用的表面织构加工技术包括：激光加工、电火花加工、光化学加工、机械压印、微磨削加工、基于 X 射线光刻的 MEMS 加工(LIGA)等。

(1)激光加工技术。近年来，激光技术广泛应用于表面织构加工领域。其原理是，高能量密度激光照射到待加工物体表面，在极短时间内熔化甚至汽化表面材料，形成织构图案。Wan 等和 Yu 等利用此技术，在机械密封环表面加工织构；Wang 等利用该技术在 SiC 表面加工出均匀分布的凹坑织构，研究了其摩擦学性能。激光加工技术具有加工效率高、工艺步骤少、无污染、加工材料受限少，以及图形尺寸可精确控制等特点，在表面织构的加工中得到了广泛应用。

(2)电火花加工技术。电火花加工技术源于 20 世纪 60 年代，适合加工金属材料。其基本原理是，电火花的瞬时高温使被加工件局部的金属熔化、氧化而被腐蚀掉，从而形成特定加工图案。莫继良课题组使用电火花加工技术加工沟槽表面织构，Kumar 等综述了电火花加工技术在表面改性方面的应用现状以及发展前景。

(3)光化学加工技术。该技术需要首先在待加工试样表面均匀旋涂光刻胶，然后用光刻技术在待加工试样表面刻出预先设计好的掩膜板图样，再用碱性溶液显影，最后用酸溶液腐蚀试样，制备出微织构。Costa 等和 Zhang 等利用该技术在钢试样表面上加工出了不同形状和深度的微织构。该技术具有加工成本低及织构边缘无毛刺等优点。

(4)机械压印技术。这种技术是利用坚硬的压头，在被加工件表面施加法向压力，引起表面塑性变形，从而产生凹陷，形成织构，织构的加工图案由压印工具形貌决定。Pettersson 等使用此技术加工了方形和长条形织构。但是由于塑性流动，该方法会引起织构边缘隆起,需要进一步抛光去除。

(5)微磨削加工技术。这种方法基于标准的车削或磨削过程。快速伺服刀具以振动形式与旋转运动的试样接触,从而移除表面材料,产生微凹坑。Xie 等使用一种机械研磨的方法,在切削钛合金的硬质合金刀具上制备了沟槽织构。此方法通过调节刀具加工轨迹,可以产生不同尺寸的织构,具有成本低、效率高和低表面损坏率等特点。

(6)基于 X 射线光刻的 MEMS 加工(LIGA)技术。LIGA 技术包括三个过程:X 射线光刻、电铸过程和成型。1986 年,Becker 等首次利用此技术加工出微织构。其优点在于,加工的表面微织构形状可以是任意的,既能加工出凹陷的织构,也能制备出凸起的织构,加工精度较高。但缺点是 X 射线光源昂贵,并且掩膜板制作较复杂。

除了上述织构加工技术之外,还有电解加工技术、反应离子刻蚀技术、磨料喷射加工技术、喷丸技术等。通过对以上织构加工技术的总结可以看出,激光及电火花织构加工技术具有加工效率高、操作简单、加工受限少、图形尺寸控制精确、加工成本相对较低等优点。本书的研究将使用激光及电火花方法加工沟槽形织构,为实验研究表面织构对摩擦性能及摩擦温升的影响奠定基础。

1.5.2 表面织构在摩擦学领域的应用

合理的表面织构设计,可以显著提高摩擦副的摩擦学性能,因此,表面织构在摩擦学领域已经得到了广泛的研究和应用。Yu 等在机械密封环表面使用激光加工了圆形凹坑织构,与光滑面相比,织构化密封环的摩擦力有所降低。Tan 等研究了硬盘中表面织构的作用,加入织构后硬盘的平均静摩擦力明显减小,同时也提高了磨损寿命和运行稳定性。Kligerman 等在活塞环上制备了表面织构,相比于光滑活塞环,摩擦力降低明显。Schreck 等在 Al_2O_3 陶瓷和钢表面,激光加工了微沟槽形织构,摩擦实验结果表明,与光滑表面相比,织构表面摩擦力有所降低,在优化织构参数后,摩擦系数显著降低。Vilhena 等使用激光加工沟槽织构后,在面接触的往复摩擦运动实验中的结果表明,织构可以降低摩擦与减缓磨损。Ryk 等在活塞环上进行了局部激光织构和全局激光织构,摩擦实验结果显示,全局织构相比于无织构活塞环,摩擦力降低了约 40%;而相比于全局织构,局部织构环的摩擦力又降低约 25%。Bolander 等在缸套表面微织构的摩擦实验表明,微织构能够使缸套摩擦系数降低 20% 以上。Etsion 等实验研究了部分织构活塞环对柴油机燃油耗的影响,其结果表明,相对于原机,装配部分织构活塞环的发动机,燃油耗可以降低 4% 左右。Ronen 等通过理论和实验研究了表面织构在缸套活塞环配副下对摩擦的影响,结果表明织构面积率和深宽比对摩擦有显著影响,摩擦力最大可以减小 30%。Nakano 等通过机械加工和喷丸技术在铸铁表面加工沟槽及凹坑后的摩擦实验结果表明,织构表面能够在一定程度上减少摩擦、减缓磨损。以上文献,均是国内外学者通过表面织构技术减少摩擦磨损、提高摩擦学性能的理论和实验研究。那么,表面织构又是如何影响摩擦学性能的?接下来本书将系统总结表面织构作用机理的相关研究。

1.5.3 表面织构在常温下影响摩擦学性能的机理

1.5.3.1 润滑下的机理研究

表面织构在不同润滑状态下对摩擦性能的影响不同,下面分别阐述表面织构在动压润滑、静压润滑、边界润滑状态下,影响摩擦学性能机理的主要研究。

(1)在动压润滑下,表面织构类似于微动力润滑轴承,在摩擦中增强了流体动压润滑效应,从而提高了表面承载力和润滑油膜的稳定性。20 世纪 60 年代,Siripuram 等研究了不同截面形状的微凸体和微凹坑对流体动压润滑的影响,结果显示,摩擦系数几乎不受织构截面形状的影响。Yu 等通过数值模拟,分析了凹坑织构形状对流体动压润滑的影响,结果表明,椭圆形织构具有最好的减摩效果,正方形织构居中,圆形织构最弱。Etsion 等研究了微凹坑织构对机械密封环流体动压承载力的影响,表明织构深宽比在 0.05 以下时动压润滑效果较好。Costa 等的摩擦实验结果表明,V 形凹槽能产生有效的流体动压润滑效果。

(2)在静压润滑下,表面织构的存在使摩擦界面形成油膜压力的收敛间隙,从而增强接触区流体的静压效应,类似于起收敛效果的锥面或台阶面。Etsion 的研究小组在不同机械密封环上,理论和实验研究了织构对静压润滑的影响,结果显示合理的织构设计可以达到 50% 甚至更多的摩擦力矩降低。Nanbu 等分析了织构底部形状的影响,表明具有微楔形和微阶梯形底部的微织构,能产生较大膜厚和静压效果。

(3)在边界润滑下,储存在织构中的润滑液,由于织构摩擦面的变形被挤出织构区域,进入接触区,形成挤压润滑膜。同时,在切向摩擦力的持续作用下,储存的润滑液会不断溢出,在接触界面形成持续的润滑作用。厉淦等的实验结果表明,织构储存的润滑剂提供了持续的润滑膜,使表面的摩擦系数均有不同程度降低且更稳定,磨损相对轻微。王晓雷等在边界润滑条件下,研究了表面织构对摩擦学性能的影响,表明深度为 125 nm 的低密度"划痕"点阵织构具有良好的减摩效果。

1.5.3.2 干摩擦(无润滑)下的机理研究

胡天昌等试验研究了激光表面织构化对干摩擦性能的影响,表明织构能够改善干摩擦特性,这是因为织构微坑能够存储摩擦过程中产生的磨屑,从而减小了磨粒磨损。万轶等在 GCr15 钢盘表面制备了微孔和凹坑形表面织构,实验研究了干摩擦下与 PTFE 密封盘配副的摩擦性能,结果显示,适当的织构形貌能够减小摩擦和降低磨损;微孔形织构比凹坑形织构对磨损量的降低更加明显。表面织构有利于保持转移膜、捕获磨屑及减少磨粒磨损,是摩擦学性能改善的主要原因。王斌等通过实验研究不同面积率圆形凹坑织构的干摩擦特性,显示织构面积率提高有利于缓解磨损,织构对稳定后的摩擦系数影响不大,机理解释为减小了犁沟和黏着磨损。Suh 等使用激光技术,在磁头及磁盘表面制备了表面织构,实验结果显示表面织构降低了摩擦,这是因为织构减少了表面接触面积,减少了黏着的发生。Wang 等研究了干摩擦下,具有沟槽表面织构的摩擦盘,分别与球和光滑摩擦盘对偶摩擦时的摩擦性能和摩擦噪声,结果显示,沟槽表面织构显著影响摩擦和噪声,在特定宽度下能很好地减小摩擦噪声,通过模拟分析,接触应力在沟槽处引起的变化和再分配是主要的原因。陈平等制备了垂直和倾斜的两种沟槽条纹织构,实验研究了干摩擦下的摩擦系数,结果表明,相比于光滑表面,织构表面的摩擦系数波动较大,且倾斜织构大于垂直织构,原因是织构改变了接触特性,导致法向接触应力分布不断变化。Meine等使用点接触实验分别研究了单一沟槽织构和多个沟槽织构的摩擦情况,表明在通过沟槽边缘时摩擦力会出现峰值,这个峰值的大小与沟槽面积率相关。Ripoll等使用有限元方法模拟分析了球与沟槽表面织构在往复干摩擦下的接触行为,通过观察织构边缘的塑性变形,判断了织构的摩擦寿命,并以此解释了织构在前期降低摩擦后,后期摩擦又有所升高的原因。

总体来看,表面织构影响干摩擦下摩擦学性能的机理有以下两点:

(1)在干摩擦下,具有凹形结构的表面织构可以储存磨损中的磨粒,减少摩擦中的磨粒磨损及犁沟的发生概率,从而缓解磨损。同时,在摩擦过程中,表面织构会不断影响接触区应力分布,通过研究和优化设计织构,改变应力分布,达到改善摩擦学性能的效果。

(2)通过减小摩擦表面的接触面积,从而达到降低界面黏着效应的作用。

经过学者们的不断研究和探索,在不同摩擦工况条件下,可以优化织构几何形貌参数,改善摩擦学性能。由于摩擦学性能的提升(摩擦的减小)意味着摩擦输入功降低,由能量守恒定律可知,必将在一定程度上降低摩擦引起的温升。

第 1 部分　摩擦表面接触热动力学研究

第 2 章　滑动粗糙表面的瞬态导热研究

两个物体之间发生相对运动时,接触面上会产生摩擦生热现象。由于所有实际加工过的表面在微观尺度上都是粗糙的,接触面积将受制于表面上微凸体间的实际接触面积,摩擦产生的热量在微凸体接触所产生的微小的接触面间传导,将会导致在这些接触面间产生很高的温度,即"闪点温度"。然而对于实际的工程问题的分析,通常无法对表面形貌的所有细节进行建模,因此需要在接合面上采用近似的"平均"边界条件。为了便于分析,通常假设接合面上的温度分布是连续的,但是该假设明显是不符合实际情况的,因为两个表面间的不良接触会对热流产生阻碍作用,会导致两个相互接触的物体的"体积温度"(本质上是接合面上的平均温度,或者是接合面下方距离接合面非常近的平面上的平均温度)产生差异。

对于静止的(没有相对滑动的)粗糙表面之间的热阻对热流的阻碍作用,前人开展了大量的研究工作,已经是一个比较成熟的研究课题。一些学者通过建立数值模型或者解析模型,以及采用实验的方法,指出接触热导(即接触热阻的倒数)与名义接触压强之间呈幂律关系。但是通常情况下,大量研究结果表明接触热导与名义接触压强近似呈正比关系。然而,上述结论不能直接应用到滑动接触导热问题的研究中,因为相对运动形式对接触面的热传导具有重要的影响。

本章将采用经典的微凸体接触模型对每个粗糙表面进行描述,并且对滑动过程中微凸体间的相互作用的统计学特征及由此导致的热量交换问题进行探讨。其中要注意的是,本章讨论的微凸体间的相互作用具有更为一般的形式,微凸体的滑动轨迹并不恰好通过峰顶的中心对称面,而是保持一小段距离,这将导致微凸体间的接触时间的长短以及热交换的大小取决于微凸体间的最近距离以及微凸体的高度。分析结果将对滑动接触面间的有效热导进行评估,并对表面粗糙度、材料特性参数以及名义接触压强和滑动速度对接触热导的影响进行探讨。

2.1 单对微凸体的瞬态接触过程

2.1.1 单对微凸体的接触模型

在 Greenwood 和 Williamson 理论基础上,定义每个粗糙表面上分布有不同高度的球形微凸体。如图 2.1 所示为 $b=0$ 时两个微凸体间接触过程的平面示意图。微凸体间典型的机械和热相互作用将是一个瞬态过程,其中物体 2 上的一个微凸体足够近地通过物体 1 上的一个微凸体,两个微凸体之间经历了极短的接触过程。

为了不失一般性,假设物体 1 是静止的,物体 2 以恒定的速度 V 向右运动。点 O_1 表示物体 1 上的一个微凸体的峰顶的圆心,峰顶半径为 R_1,相对于物体 1 的参考平面的高度为 h_1。点 O_2 为物体 2 上的一个微凸体的峰顶的圆心,峰顶半径为 R_2,相对于物体 2 的参考平面的高度为 h_2。两个物体各自的参考平面间的距离为 h_0,两个微凸体之间的空间最近距离为 b。定义时间 t,使 $t=0$ 时刻两个微凸体之间具有最近的空间距离,其他时刻下点 O_2 的横坐标为 Vt。

对于 b 为任意值的一般情况,微凸体间的接触问题可以用一个"干涉方程"来定义,即

$$f(x,y)=h_1+h_2-h_0-\frac{x^2+y^2}{2R_1}-\frac{(x-Vt)^2+(y-b)^2}{2R_2} \tag{2.1}$$

式(2.1)表示了在不受接触力的阻碍作用的条件下,两个相互作用的微凸体表面间的贯穿深度。

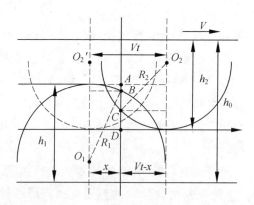

图 2.1　$b=0$ 时两个微凸体间接触过程的平面示意图

将坐标原点进行平移,定义为

$$x=\varepsilon+\frac{R_1Vt}{R_1+R_2}\ ;\ y=\eta+\frac{R_1b}{R_1+R_2} \tag{2.2}$$

则干涉方程变换为

$$f(\varepsilon,\eta)=d_0-\frac{(Vt)^2}{2(R_1+R_2)}-\frac{\varepsilon^2+\eta^2}{2R^*} \tag{2.3}$$

其中

$$d_0 = h_1 + h_2 - h_0 - \frac{b^2}{2(R_1 + R_2)} \; ; \; \frac{1}{R^*} = \frac{1}{R_1} + \frac{1}{R_2} \qquad (2.4)$$

式(2.4)中的第一项可以简写为

$$d_0 = \frac{b_0^2 - b^2}{2(R_1 + R_2)} \; ; \; b_0 = \sqrt{2(R_1 + R_2)(h_1 + h_2 - h_0)} \qquad (2.5)$$

其中, b_0 是接触作用过程中 b 的最大值。

当 $\varepsilon = \eta = 0$ 时, 两个微凸体间具有最大的干涉距离, $f(\varepsilon, \eta)$ 取得最大值 d , 由式(2.3)可得

$$d = d_0 \left(1 - \frac{t^2}{t_0^2} \right) \qquad (2.6)$$

其中, $t_0 = \dfrac{\sqrt{2d_0(R_1 + R_2)}}{V}$ 。

时间 t 从单对微凸体间的距离达到最小值的瞬间开始测量。接触作用持续的总时长为 $2t_0$, 接触作用产生的条件为 $d > 0$, 且 $-t_0 < t < t_0$, 否则微凸体间将发生分离。在满足接触条件的前提下, 式(2.3)定义了一个轴对称的 Hertz 接触模型, 接触面积的半径为 a , 名义接触压力为 P , 接触压强的分布为 $p(r)$, 根据 Hertz 接触理论可以表示为

$$a = \sqrt{R^* d} \qquad (2.7a)$$

$$P = \frac{4E^* \sqrt{R^*} \, d^{3/2}}{3} \qquad (2.7b)$$

$$p(r) = \frac{2E^*}{\pi} \sqrt{\frac{d}{R^*} \left(1 - \frac{r^2}{a^2} \right)} \qquad (2.7c)$$

其中, R^* 为物体 1 和物体 2 的粗糙接触面上相互作用的两个微凸体峰顶的复合半径; E^* 为两个接触面材料的复合弹性模量。

2.1.2　单对微凸体的导热分析

通过单对微凸体模型来描述粗糙表面时, 微凸体实际接触区域中的作用力将会在原子与原子间的作用力范围内, 因此可以假设这些区域中的热接触是理想的, 温度的分布是连续的。由于典型的微凸体相互作用持续的时间非常短暂, 因此可以合理地将两个接触体的体积温度看作常数, 并且热流的传递集中于垂直于接触面的法线方向上, 平行于接触面的横向热流可以忽略不计。由此, 问题简化为与单个空间坐标和时间相关的导热问题。

当热导率分别为 K_1 和 K_2 , 热扩散率分别为 k_1 和 k_2 , 初始体积温度分别为 T_1 和 T_2 的两个静止的物体之间发生完全热接触时, 在接触了一小段时间 Δt 后, 流入物体 1 和流入物体 2 的单位面积上的热流密度将分别为

$$q_1 = \frac{C_1 q_f}{C_1 + C_2} - \frac{2C_1 C_2 \Delta T}{C_1 + C_2} \sqrt{\frac{\Delta t}{\pi}} \qquad (2.8a)$$

$$q_2 = \frac{C_2 q_f}{C_1 + C_2} + \frac{2C_1 C_2 \Delta T}{C_1 + C_2} \sqrt{\frac{\Delta t}{\pi}} \tag{2.8b}$$

其中，$C_i = K_i / \sqrt{k_i}$；$\Delta T = T_1 - T_2$；q_f 为接触过程中单位面积上生成的总热量。

相对运动使得物体 1 上某个给定的点与物体 2 上的一系列点之间发生相互作用，使得微凸体间的接触问题变得复杂。例如，图 2.2(a)显示了峰顶半径相同时（$R_1 = R_2$），在相互作用过程中物体 1 上的接触面积在各个瞬时的变化情况，从图中可以看出，接触面积不仅大小随着接触时间的增加先增大再缩减到零，而且位置也随着接触时间的增大而发生移动。本章的分析中，对接触面积的变化形式进行简化，假设接触面积的半径随着时间与真实接触面积具有相同的变化规律，由式(2.6)和式(2.7)决定，但是不产生相对运动，即位移保持不变，如图 2.2(b)所示。

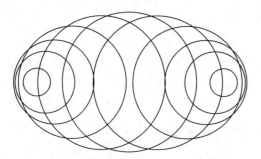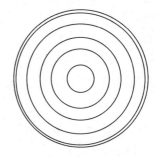

(a) 相互接触作用过程中不同时刻的接触面积　　　　(b) 简化运动形式

图 2.2　单对微凸体接触面积变化趋势

2.1.2.1　摩擦生热

在两个微凸体相互作用的时间段 $-t_0 < t < t_0$ 内，由于摩擦产生的总热量为

$$Q_f = \int_{-t_0}^{t_0} \mu P(t) V \mathrm{d}t \tag{2.9}$$

将式(2.7b)中的接触压力 P 以及式(2.5)、式(2.6)中的 d_0 和 t_0 代入式(2.9)得到总摩擦生热量为

$$\begin{aligned}
Q_f &= \frac{4\mu V E^* \sqrt{R^*} d_0^{3/2}}{3} \int_{-t_0}^{t_0} \left(1 - \frac{t^2}{t_0^2}\right)^{3/2} \mathrm{d}t \\
&= \frac{\pi \mu E^* \sqrt{R_1 R_2} d_0^2}{\sqrt{2}} = \frac{\pi \mu E^* \sqrt{R_1 R_2} (b_0^2 - b^2)^2}{4\sqrt{2} (R_1 + R_2)^2}
\end{aligned} \tag{2.10}$$

其中，μ 为摩擦系数，假设与接触压强和速度无关，为一常数。

由于摩擦产生的热量全部流入物体 1 和物体 2，导热问题可以看作恒定表面热流密度下的半无限大媒介间的瞬态导热问题。假设流入物体 1 的热量为 $Q_f^{(1)}$，流入物体 2 的热量为 $Q_f^{(2)}$。式(2.8)中如果不存在温差 ΔT，即物体 1 和物体 2 的初始体积温度相同（$T_1 = T_2$），那么物体 1 的表面温度可以表示为

$$T_s = T(0, t) = T_1 + \frac{Q_f^{(1)}}{K_1} \sqrt{\frac{4k_1 t}{\pi}} \tag{2.11}$$

同理,物体 2 的表面温度为

$$T_s = T(0,t) = T_2 + \frac{Q_f^{(2)}}{K_2} \sqrt{\frac{4k_2 t}{\pi}} \tag{2.12}$$

联立式(2.11)和式(2.12)可知

$$Q_f^{(1)} = \frac{C_1}{C_2} Q_f^{(2)} \tag{2.13}$$

因此,摩擦生成的全部热量将以固定的比例系数 C_1/C_2 分配到各个接触面上。将式(2.13)代入 $Q_f = Q_f^{(1)} + Q_f^{(2)}$,可得流入物体 1 和物体 2 的摩擦热流量分别为

$$Q_f^{(1)} = \frac{C_1 Q_f}{C_1 + C_2} \; ; \; Q_f^{(2)} = \frac{C_2 Q_f}{C_1 + C_2} \tag{2.14}$$

上述结论在滑动速度很大,微凸体间相互作用的时间很短的条件下是合理的。当滑动速度很小时,将会出现热稳定状态,摩擦生热量的分配比例将等于两物体热导率的比值,即 K_1/K_2。

2.1.2.2　温差 ΔT 导致的热量交换

在不考虑摩擦的情况下,由两物体间的体积温差 ΔT 所导致的热传导将使热量从高温物体流入低温物体。由于接触发生的时间非常短,因此可以近似看作半无限固体间的一维导热问题。接触面积随着微凸体的移动将先增大后减小,因此对于半径 r 上的点,当接触面积的半径增大到 $a(t) = r$ 时开始发生接触作用,直到接触面积的半径减小到 $a(t) < r$ 时相分离,发生接触的时间应满足

$$- t_1(r) < t < + t_1(r) \tag{2.15}$$

将式(2.6)代入式(2.7)可得到接触半径

$$a(t) = a_0 \sqrt{1 - \frac{t^2}{t_0^2}} \tag{2.16}$$

由此归纳出接触时间为

$$\Delta t = 2t_1(r) = 2t_0 \sqrt{1 - \frac{r^2}{a_0^2}} \tag{2.17a}$$

$$a_0 = \sqrt{R^* d_0} \tag{2.17b}$$

其中,a_0 为最大接触半径。

由于每个微凸体都被看作半无限大的固体,并且具有相同的表面温度 T_s,根据傅里叶导热定律可以得到流出物体 1 的单位面积上的热流密度为

$$q_c^{(1)} = - \frac{C_1(T_s - T_1)}{\sqrt{\pi(t + t_1(r))}} \tag{2.18}$$

类似地,流入物体 2 的单位面积上的热流密度为

$$q_c^{(2)} = \frac{C_2(T_s - T_2)}{\sqrt{\pi(t + t_1(r))}} \tag{2.19}$$

根据能量守恒定律可知,接触面上流入的能量等于流出的能量,即有

$$q_c^{(1)} = q_c^{(2)} \rightarrow \frac{C_1 (T_s - T_1)}{\sqrt{\pi (t + t_1(r))}} = \frac{C_2 (T_s - T_2)}{\sqrt{\pi (t + t_1(r))}} \tag{2.20}$$

因此,接触面的表面温度表示为

$$T_s = \frac{C_1 T_1 + C_2 T_2}{C_1 + C_2} \tag{2.21}$$

将式(2.21)代入式(2.19)得到流入物体 2 的单位面积上 t 时刻的热流密度为

$$q_c^{(2)} = \frac{C_1 C_2 \Delta T}{\sqrt{\pi (t + t_1(r)) (C_1 + C_2)}} \tag{2.22}$$

将单位面积上 t 时刻的热流密度对接触时间和接触面积进行积分,可以得到由于温差 ΔT 导致的物体 1 流入物体 2 的总热量 Q_c 为

$$Q_c = \int_0^{a_0} \int_{-t_1(r)}^{+t_1(r)} \frac{C_1 C_2 \Delta T}{\sqrt{\pi (t + t_1(r)) (C_1 + C_2)}} \mathrm{d}t (2\pi r \mathrm{d}r) \tag{2.23}$$

将式(2.17)代入式(2.23)有

$$Q_c = \frac{4 C_1 C_2 \Delta T \sqrt{2\pi t_0}}{C_1 + C_2} \int_0^{a_0} \left(1 - \frac{r^2}{a_0^2}\right) r \mathrm{d}r = \frac{8 C_1 C_2 \Delta T a_0^2 \sqrt{2\pi t_0}}{5 (C_1 + C_2)} \tag{2.24}$$

将式(2.5)、式(2.6)和式(2.17)中的 d_0、t_0、a_0 代入式(2.24),最终得到总导热量为

$$Q_c = A_c (b_0^2 - b^2)^{5/4} \tag{2.25a}$$

$$A_c = \frac{4 \sqrt{2\pi} C_1 C_2 \Delta T R^*}{5 (C_1 + C_2) (R_1 + R_2) \sqrt{V}} \tag{2.25b}$$

图 2.2(a)所示的实际接触面积随着微凸体发生移动时,会有新的未被加热的面积参与到接触中来,从而增大导热量。因此,图 2.2(b)所示的对实际接触面积的运动形式的简化将会使得解析计算结果小于实际的导热量。对实际的导热量进行精确的解析计算是非常困难的,但是可以对特殊情况下的误差进行分析,例如 $C_2 \gg C_1$ 的情况,下一节将对此进行详细的介绍。

2.1.2.3　误差分析

为了分析相对运动对导热量的影响,取 $C_2 \gg C_1$ 时的特殊情况进行分析。当 $C_2 \gg C_1$ 时,可以认为物体 2 的接触面上所有点的温度在接触过程中保持不变,等于 T_2。同时,为了便于计算,假设两个物体接触表面上的所有微凸体的峰顶半径大小相等,即 $R_1 = R_2 = R$。

物体 1 上的任意点 (x, y) 首次与图 2.2(a)中某个接触圆的圆周相交时,则认为开始发生接触作用,随着接触圆的移动,该点逐渐处于接触圆的内部,直到与接触圆的圆周再次相交时,接触作用将停止,由此得到满足发生接触的条件为 $\varepsilon^2 + \eta^2 \leqslant a(t)^2$,其中 ε、η 以及随时间变化的接触半径 $a(t)$ 已经在式(2.2)和式(2.7)中有所定义。用 x、y 坐标表示上述关系,接触作用发生的条件可以写作

$$\left(x - \frac{Vt}{2}\right)^2 + \left(y - \frac{b}{2}\right)^2 \leqslant \frac{R d_0}{2} - \frac{V^2 t^2}{8} \tag{2.26}$$

将式(2.26)进行坐标变换,用 X、Y 代替 x、y,并且采用无量纲时间 τ 代替时间 t,令

$$X = \frac{x}{\sqrt{Rd_0}} ; \; Y = \frac{y}{\sqrt{Rd_0}} - \frac{b}{2\sqrt{Rd_0}} ; \; \tau = \frac{t}{t_0} = \frac{Vt}{2\sqrt{Rd_0}} \tag{2.27}$$

将式(2.27)代入式(2.26),得到

$$\frac{3\tau^2}{2} - 2X\tau + X^2 + Y^2 - \frac{1}{2} \leqslant 0 \tag{2.28}$$

上述方程取等式时,方程的解 τ_1 和 τ_2 分别表示给定点 (X,Y) 开始接触和停止接触的时刻,即

$$\tau_1, \tau_2 = \frac{2}{3}\left(X \mp \sqrt{\frac{3}{4} - \frac{X^2}{2} - \frac{3Y^2}{2}}\right) \tag{2.29}$$

因此,可以得到给定点 (X,Y) 的接触时长为

$$\Delta\tau = \tau_2 - \tau_1 = \sqrt{\frac{4}{3}\left(1 - \frac{2X^2}{3} - 2Y^2\right)} \tag{2.30}$$

当 $\Delta\tau = 0$ 时,$\frac{2X^2}{3} + 2Y^2 = 1$ 为图 2.2(a)中所示的接触面积的包络线,用式(2.27)中的 x、y 坐标代替 X、Y,有

$$\frac{2x^2}{3} + 2\left(y - \frac{b}{2}\right)^2 = Rd_0 \tag{2.31}$$

图 2.2(a)中椭圆弧线外的点不会发生接触作用。

考虑极限情况下点 (X,Y) 处的单位面积上的总热流量。取式(2.8)中的 $C_2 \to \infty$,则实际接触过程中单位面积上的热流密度为

$$q = 2C_1 \Delta T \sqrt{\frac{\Delta t}{\pi}} = 2C_1 \Delta T (Rd_0)^{1/4} \sqrt{\frac{2\Delta\tau}{\pi V}}$$

$$= \frac{4C_1 \Delta T (Rd_0)^{1/4}}{3^{1/4}\sqrt{\pi V}}\left(1 - \frac{2X^2}{3} - 2Y^2\right)^{1/4} \tag{2.32}$$

因此,接触过程中交换的总热量为

$$Q_c = \iint_A q(x,y)\,\mathrm{d}x\mathrm{d}y = Rd_0 \iint_A q(X,Y)\,\mathrm{d}X\mathrm{d}Y \tag{2.33}$$

其中,接触面积 A 由式(2.31)中的椭圆弧线构成,积分结果表示真实接触面积下的总换热量,等于

$$Q_c = \frac{8\sqrt[4]{3} C_1 \sqrt{\pi} \Delta T (Rd_0)^{5/4}}{5\sqrt{V}} = \frac{\sqrt[4]{3} C_1 \sqrt{2\pi} \Delta T (b_0^2 - b^2)^{5/4}}{5\sqrt{V}} \tag{2.34}$$

将式(2.25)中的 C_2 取极限,令 $C_2 \to \infty$,且令 $R_1 = R_2 = R$,则采用图 2.2(b)所示的近似运动形式,即接触面积不发生移动时的总热交换量为

$$Q_c = \frac{\sqrt{2\pi} C_1 \Delta T (b_0^2 - b^2)^{5/4}}{5\sqrt{V}} \tag{2.35}$$

对比可知,式(2.34)中的总热交换量为式(2.35)的 $\sqrt[4]{3} \approx 1.32$ 倍,即根据图 2.2(b)中的接触面积的变化方式计算得到的总热交换量要小于实际的热交换量。这也与实际情

况相符合,无论接触面积是保持静止还是滑动,总接触时间是相同的。但是如果把微凸体离散成一系列的热导管,相对运动将增加单个热导管的接触时间,从而保证了更多的热量交换。更为一般的情况,当 $R_1 \neq R_2$ 时,图 2.2(a)所示的实际接触情况下的总热交换量为

$$Q_c = \frac{2^{15/4} C_1 \sqrt{\pi} \Delta T d_0^{5/4}}{5\sqrt{V}} \left(\frac{R_1 R_2^{3/4} (2R_1 + R_2)^{1/4}}{(R_1 + R_2)^{3/4}} \right) \tag{2.36}$$

结合式(2.5)和式(2.25),图 2.2(b)所示的接触面积变化形式下的总热交换量为

$$Q_c = \frac{2^{15/4} \sqrt{\pi} C_1 \Delta T R_1 R_2 d_0^{5/4}}{5 (R_1 + R_2)^{3/4} \sqrt{V}} \tag{2.37}$$

式(2.36)与式(2.37)的比值为 $\left(1 + \frac{2R_1}{R_2}\right)^{1/4}$,是比例 R_1/R_2 的弱函数;且当 $R_1 = R_2$ 时,比例为 $\sqrt[4]{3}$ 。需要注意的是,图 2.2(b)所示的简化的运动方式只是使得理论计算结果在数值结果上产生些许偏差,但是并不影响热量交换对滑动速度、粗糙参数的依赖关系。

2.2　微凸体接触的统计学特征

Greenwood 和 Williamson 的统计模型(GW 模型)由单位名义面积上具有相同峰顶半径 R_i 的 N_i 个半球形微凸体组成,半球形微凸体在交界面上随机分布,高度满足标准偏差为 σ_i 的高斯分布。GW 模型是非常理想化的模型,因为实际的粗糙表面上的微凸体形状不是轴对称的,并且峰顶的曲率半径随着微凸体高度的增加而增大,尽管如此并不影响其预测结果的准确性。McCool 采用了变化的微凸体峰顶半径代替恒定的峰顶半径,建立了更为严格的微凸体接触模型,并将计算结果与 GW 模型进行了对比,发现两者之间没有明显区别。因此,本书在 GW 模型基础上建立的微凸体接触模型同样可以对实际接触情况进行准确预测。

2.2.1　确定 GW 模型参数

Nayak 提出任意各向同性,并且服从高斯分布的随机表面都可以用三个功率谱密度矩来描述,分别为 m_0、m_2 和 m_4。这些谱密度矩可以通过表面轮廓方程 $z(x)$ 来定义,即有

$$m_0 = \langle z(x) \rangle^2 \;;\; m_2 = \langle z'(x) \rangle^2 \;;\; m_4 = \langle z''(x) \rangle^2 \tag{2.38}$$

其中,$z(x)$ 表示轮廓表面相对于距离为 x 处的任意参考平面的高度偏差,可以通过表面轮廓测量仪或者原子力显微镜(AFM)来提取;零阶谱矩 m_0 表示轮廓的高度分布,m_0 的平方根等于表面的 RMS 粗糙度;二阶谱矩 m_2 表示轮廓的斜率分布,等于斜率的均方差;而 m_4 表示轮廓的曲率分布,等于曲率的均方差。

GW 模型的参数 N_i 和 R_i 可以通过谱矩获得,即有

$$N_i = \frac{1}{6\pi\sqrt{3}} \frac{(m_4)_i}{(m_2)_i} \;;\; R_i = \frac{3}{8} \sqrt{\frac{\pi}{(m_4)_i}} \tag{2.39}$$

其中，N_i 为粗糙表面单位名义接触面积上的微凸体个数；R_i 为微凸体的峰顶半径。

Bush 等人给出的微凸体峰顶高度的标准偏差 σ_i 为

$$\sigma_i = \left(1 - \frac{0.896\,8}{\alpha_i}\right)^{1/2} \sqrt{(m_0)_i} \qquad (2.40)$$

其中，α_i 为带宽参数，与表面功率谱密度的带宽相关联，α_i 表示为

$$\alpha_i = \frac{(m_0)_i (m_4)_i}{(m_2)_i^2} \qquad (2.41)$$

Longuef-Higgins 指出任意随机的、各向同性的表面对应于 $\alpha_i \geqslant 1.5$ 的带宽参数。宽谱中波长分布的范围较大，窄谱中的波长长度近似相等。$\alpha_i \to 1.5$ 时，越来越趋近于窄光谱；$\alpha_i \to \infty$ 时，越来越趋近于宽光谱。同时，$\alpha_i \geqslant 1.5$ 将使得式(2.40)中的峰顶高度偏差小于表面的 RMS 粗糙度，即 $\sigma_i < \sqrt{(m_0)_i}$。但是，随着 α_i 的增大，二者之间的差距将会迅速减小，当 $\alpha_i \to \infty$ 时，峰顶的高度分布将完全符合高斯分布。

摩擦学中通常采用轮廓高度的平均平面而不是 GW 模型中的微凸体峰顶高度的平均平面作为参考平面。由于平面间的距离仅仅是确定宏观参数关系的中间步骤，使用哪个平面作为参考平面并不会对分析结果产生影响，因此为了简便起见，本书沿用 GW 模型中对参考平面的定义。

2.2.2　单次接触作用发生的概率

首先需要确定在滑动了一段距离 S 的过程中，两个微凸体间发生接触的概率分布 $\Phi(b)$，其中 b 为两个微凸体间最近的空间距离。假设每个平面上各有一个微凸体，由于微凸体的位置分布具有随机性，需要固定物体 1 上点 A_1 的位置，并且用一组间距为 δb 的平行直线来覆盖整个名义接触面积，这组平行线表示了点 A_2 的运动轨迹，间距 δb 具有很小的数量级，这些平行线的总长度等于 A_{nom}/b，其中 A_{nom} 为名义接触面积。由于接触面积具有对称性，在点 A_1 的两边将会各自有一条平行线处于指定区域 b 和 $b + \delta b$ 之间，因此接触作用发生在区域 b 和 $b + \delta b$ 之间的概率为

$$\frac{P(b < X < b + \delta b)}{S} = \frac{2}{A_{nom}/\delta b} \qquad (2.42)$$

当 $\delta b \to 0$ 时，单个微凸体在滑动了距离为 S 的过程中发生接触作用的概率为

$$f(b) = \frac{P(b < X < b + \delta b)}{\delta b} = \frac{2S}{A_{nom}} \qquad (2.43)$$

对于真实的表面，假设表面 1 的单位名义接触面上有 N_1 个微凸体，表面 2 的名义接触面上有 N_2 个微凸体，则整个接触面上微凸体间发生相互作用的概率分布为

$$\Phi(b) = f(b) N_1 A N_2 A_{nom} = 2S N_1 N_2 A_{nom} \qquad (2.44)$$

2.2.3　微凸体的高度分布

由式(2.10)和式(2.25)可知，单对微凸体相互接触过程中产生的总摩擦生热量 Q_f 以

及由于温差产生的总换热量 Q_c 的大小均取决于微凸体间的最大贯穿深度 d_0，并且由式 (2.4)可知，d_0 与微凸体的高度 h_1 和 h_2 相关，因此摩擦热 Q_f 和导热量 Q_c 的大小也与 h_1 和 h_2 相关联。假设粗糙面上微凸体的高度服从高斯分布，则表面 i 上给定的某个微凸体的高度处于 h_i 到 $h_i+\delta h_i$ 间的概率将为 $\varphi(h_i)\delta h_i$，其中

$$\varphi_i(h_i)=\frac{1}{\sqrt{2\pi}\,\sigma_i}\exp\left(-\frac{h_i^2}{2\sigma_i^2}\right) \tag{2.45}$$

2.2.4　总摩擦生热量

式(2.10)已经给出了单对微凸体作用过程中产生的总摩擦生热量，因此对于单位名义面积上有 N_i 个微凸体的两个表面相互作用过程中，在滑动了距离 S 时，单位接触面积上总摩擦生热量等于对 h_1、h_2、b 的三重积分，即有

$$Q_f(S)=\frac{1}{A_{nom}}\int_{-\infty}^{\infty}\int_{h_0-h_2}^{\infty}\int_0^{b_0}\Phi(b)\,\varphi_1(h_1)\,\varphi_2(h_2)\,Q_f\mathrm{d}b\mathrm{d}h_1\mathrm{d}h_2 \tag{2.46}$$

其中，b_0 由式(2.5)决定。积分过程在附录1中有详细介绍，积分结果为

$$Q_f(S)=\frac{2^{21/4}N_1N_2\sqrt{\pi}E^*\sqrt{R_1+R_2}\sqrt{R_1R_2}\mu S\,(\sigma_1^2+\sigma_2^2)^{5/4}}{15}I_f\left(\hat{h}_0,\frac{5}{2}\right) \tag{2.47}$$

其中

$$I_f(\hat{h}_0)=\int_0^{\infty}e^{-(y+\hat{h}_0)^2}y^{5/2}\mathrm{d}y \tag{2.48a}$$

$$\hat{h}_0=\frac{h_0}{\sqrt{2(\sigma_1^2+\sigma_2^2)}} \tag{2.48b}$$

2.2.5　由体积温差引起的总导热量

采用同样的方法，仅仅将式(2.46)中的 Q_f 用 Q_c 替换，便可以得到由两个物体之间的体积温差 ΔT 引起的单位名义接触面积上总导热量为

$$Q_c=\frac{1}{A_{nom}}\int_{-\infty}^{\infty}\int_{h_0-h_2}^{\infty}\int_0^{b_0}\Phi(b)\,\varphi_1(h_1)\,\varphi_2(h_2)\,Q_c\mathrm{d}b\mathrm{d}h_1\mathrm{d}h_2 \tag{2.49}$$

求解过程同样在附录1中有详细介绍，积分结果为

$$Q_c(S)=\frac{2^{25/8}\pi^{3/2}SN_1N_2C_1C_2\Delta TR_1R_2\,(\sigma_1^2+\sigma_2^2)^8}{21\Gamma\,(3/4)^2\,(C_1+C_2)\,(R_1+R_2)^{1/4}\sqrt{V}}I_c\left(\hat{h}_0,\frac{7}{4}\right) \tag{2.50}$$

其中

$$I_c(\hat{h}_0)=\int_0^{\infty}e^{-(y+\hat{h}_0)^2}y^{7/4}\mathrm{d}y \tag{2.51}$$

2.2.6　名义热流密度

速度 V 等于单位时间内滑动的位移 S，因此单位名义面积上的摩擦生热率可以通过将式(2.50)中的 S 用 V 代替求得，名义摩擦生热热流密度为

$$q_{nom}^f = \frac{2^{21/4} N_1 N_2 \sqrt{\pi} E^* \sqrt{R_1 + R_2} \sqrt{R_1 R_2} \mu V (\sigma_1^2 + \sigma_2^2)^{5/4}}{15} I_f(\hat{h}_0) \tag{2.52}$$

类似地,由温差 $\Delta T = T_1 - T_2$ 引起的从物体 1 流向物体 2 的名义导热热流密度为

$$q_{nom}^c = \frac{2^{25/8} \pi^{3/2} N_1 N_2 C_1 C_2 \Delta T R_1 R_2 (\sigma_1^2 + \sigma_2^2)^{7/8} \sqrt{V}}{21 \Gamma (3/4)^2 (C_1 + C_2) (R_1 + R_2)^{1/4}} I_c(\hat{h}_0) \tag{2.53}$$

综上可知,与式(2.8)相类似,将式(2.52)和式(2.53)相叠加,可以得到流入物体 1 和物体 2 的总热流密度分别为

$$q_1 = \frac{C_1 q_{nom}^f}{C_1 + C_2} - q_{nom}^c \tag{2.54a}$$

$$q_2 = \frac{C_2 q_{nom}^f}{C_1 + C_2} + q_{nom}^c \tag{2.54b}$$

2.2.7　平均名义压强

如果平均分离距离 h_0 保持不变,微凸体相互作用过程中的统计特性将导致名义接触压力 P 以及名义接触压强 $p_{nom} = P/A_{nom}$ 产生随机波动。但由功的定义可知,摩擦生热量等于摩擦力滑动了一段距离 S 所做的功,即平均名义接触压强 p_{nom} 仍然满足以下关系式

$$Q_f(S) = \mu p_{nom} V \tag{2.55}$$

因此,得到

$$p_{nom} = \frac{2^{21/4} N_1 N_2 \sqrt{\pi} E^* \sqrt{R_1 + R_2} \sqrt{R_1 R_2} (\sigma_1^2 + \sigma_2^2)^{5/4}}{15} I_f(\hat{h}_0) \tag{2.56}$$

2.2.8　接触总数

在表面滑动了一段距离 S 的过程中,单位名义接触面积上发生接触的微凸体总个数为

$$N(h_0) = \frac{1}{A_{nom}} \int_{-\infty}^{\infty} \int_{h_0 - h_2}^{\infty} \int_0^{b_0} \Phi(b) \varphi_1(h_1) \varphi_2(h_2) \, \mathrm{d}b \mathrm{d}h_1 \mathrm{d}h_2 \tag{2.57}$$

同样地,用附录 1 中的方法可以得到式(2.57)的积分值为

$$N(h_0) = \frac{2^{7/4} N_1 N_2 \sqrt{R_1 + R_2} \sqrt{R_1 R_2} S (\sigma_1^2 + \sigma_2^2)^1}{\sqrt{\pi}} I\left(\hat{h}_0, \frac{1}{2}\right) \tag{2.58}$$

如果两个参考平面间的分离距离在 h_0 的基础上增大了 d_1,当 $d_0 < d_1$ 时,接触作用将停止,微凸体间将分离,并且接触作用的总数将减小为 $N(h_0 + d_1)$ 个。因此,当两个参考平面间的距离为 h_0 时,满足最大干涉距离 $d_0 > d_1$ 的微凸体接触个数的比例为

$$\frac{N(h_0 + d_1)}{N(h_0)} = \frac{I\left(\hat{h}_0 + \hat{d}_1, \frac{1}{2}\right)}{I\left(\hat{h}_0, \frac{1}{2}\right)} \tag{2.59}$$

2.3　接触热导

平均名义接触压强 p_{nom} 中的积分项 $I_f(\hat{h}_0)$ 和名义热流密度 q_{nom}^c 中的积分项

$I_c(\hat{h}_0)$ 都是关于 $\hat{h}_0$ 的函数，并且随着 $\hat{h}_0$ 的减小而增大，但是二者减小的幅度不同，因为 $I_f(\hat{h}_0)$ 和 $I_c(\hat{h}_0)$ 中指数幂的大小不相等。分别对 $I_f(\hat{h}_0)$ 和 $I_c(\hat{h}_0)$ 取对数，将 $I_f(\hat{h}_0)$ 的对数值作为横坐标，$I_c(\hat{h}_0)$ 的对数值作为纵坐标，得到图 2.3。图中的黑圆点表示 $\hat{h}_0$ 取不同数值时由 $I_c(\hat{h}_0)$ 和 $I_f(\hat{h}_0)$ 决定的 q^c_{nom} 和 p_{nom} 间的关系，实线表示幂律关系，虚线表示线性关系。从图中可以看出表示幂律关系的实线几乎与黑圆点所代表的离散点相吻合，显示了很好的拟合关系，用 Matlab 可以得到幂指数为 0.96，即图中实线的数学表达式可以写作

$$q^c_{\text{nom}} = B(T_1 - T_2)\sqrt{V}\, p_{\text{nom}}^{0.96} \tag{2.60}$$

其中，B 为常数，仅仅与名义接触压强 p_{nom} 和名义热流密度 q^c_{nom} 中的材料属性及表面粗糙参数有关。

从式(2.60)中可以看出接触热导与滑动速度平方根成正比。由于上述结果是在假设滑动过程中单对微凸体的相互作用持续时间非常短，无法达到稳定导热状态的前提下获得的，因此不适用于 $V \to 0$，接近静止的极限情况。然而，静止状态下的接触热导与接触压强间的幂指数关系与滑动状态下的幂指数关系相类似。例如，Mikic 预测了热稳定状态下 q^c_{nom} 与 $p_{\text{nom}}^{0.94}$ 成正比，尽管其他作者指出分形维数对二者之间的关系存在微弱的影响。

式(2.60)中的幂律关系非常接近于线性。无量纲平均分离距离 $\hat{h}_0 > 2$ 时所对应的接触情况包含了工程中绝大部分的接触情况，因此图 2.3 中的虚线同样具有良好的拟合性，相应的线性关系的数学表达式为

$$q^c_{\text{nom}} = \frac{4.26 C_1 C_2 \sqrt{R_1 R_2}\,(T_1 - T_2)\sqrt{V}}{(C_1 + C_2)(R_1 + R_2)^{3/4}\,(\sigma_1^2 + \sigma_2^2)^{3/8}}\,\frac{p_{\text{nom}}}{E^*} \tag{2.61}$$

式(2.61)中的线性关系与 GW 原模型(考虑的是一个粗糙表面与一个光滑表面之间

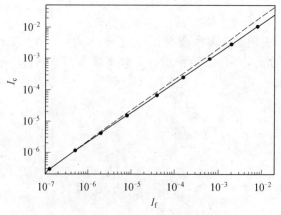

图 2.3　由 I_c 和 I_f 决定 q^c_{nom} 与 p_{nom} 间的关系及拟合直线

的接触问题)中的结论相吻合。GW 原模型预测了对单对微凸体作用求和得到的参量间的线性关系,包括名义接触压力、接触电阻和实际接触总面积。这些结果基于微凸体高度分布为高斯分布的假设,压力增大将导致实际接触面积增大,微凸体发生接触的总数将增加,但是尺寸分布保持不变。

如果两个滑动的表面是完全相同的,即具有相同的材料属性和粗糙参数,则式(2.61)可以简化为

$$q_{\mathrm{nom}}^{c} \approx \frac{0.98 K R^{1/4} (T_1 - T_2) \sqrt{V}}{\sqrt{k} \, \sigma^{3/4}} \frac{p_{\mathrm{nom}}}{E^*} \tag{2.62}$$

式(2.62)表明了比例常数对粗糙参数 σ 和峰顶半径 R 的依赖关系。

2.4　准分形表面

工程实际中描述表面形貌的分形模型有很多,W-M 分形函数(简称 W-M 函数)由于具有连续性、处处不可微性以及自仿射性而被广泛应用于表面形貌的分形研究中。W-M 分形函数的数学形式为

$$z(x) = G^{(D-1)} \sum_{n=n_1}^{\infty} \frac{\cos 2\pi \gamma^n x}{\gamma^{(2-D)}} ; \quad 1 < D < 2 ; \gamma > 1 \tag{2.63}$$

其中,随机的表面轮廓高度 $z(x)$ 在任意点 x 处都是连续的,x 表示坐标的位置;G 是特征尺度系数,与频率无关;D 是表面分形维数;参数 γ 决定光谱密度以及不同谱模型间的相,γ 为大于 1 的常数,对于服从正态分布的表面轮廓取 $\gamma = 1.5$ 较为合适;γ^n 为轮廓的空间频率,对应于粗糙度波长的倒数,即 $\gamma^n = 1/\lambda_n$,参数 n_1 是 W-M 函数的初始项,对应轮廓的最低截止频率,由于表面轮廓是非平稳的随机过程,轮廓的最低频率与粗糙度样本长度之间的关系可以表示为 $\gamma^{n_1} = 1/L_1$,L_1 为样本长度。

离散的 W-M 功率谱可以近似地用连续谱来表示,功率谱表示为

$$S(\omega) = \frac{G^{2(D-1)}}{\ln \gamma} \frac{1}{\omega^{5-2D}} \tag{2.64}$$

由式(2.64)可知连续功率谱 $S(\omega)$ 服从幂律关系,所以幂定律状态是表面微观形貌分形表征的本质。

分形维数 D 与表面形貌的幅值变化的剧烈程度有关,与光谱的斜率相关,D 越大则表面的微观细节越丰富;D 越小,表面则相对"平缓"。特征尺度系数 G 反映了表面微观形貌的特征,相对于特定表面的所有空间频率来说是一个常量,反映了表面轮廓高度幅值的大小,决定了功率轴上频谱的位置。理论上讲,分形维数 D 和特征尺度系数 G 与粗糙尺度无关,可以用于确定表面轮廓的形状,是表征粗糙表面的"固有参数"。

Majumdar 和 Tien 发现对于分形表面,代表轮廓峰高的零阶谱矩 m_0、代表轮廓斜率的二阶谱矩 m_2 以及表示轮廓曲率的四阶谱矩 m_4 的传统定义与统计参数表示的分形定义之间有如下关系

$$\langle z(x) \rangle^2 = m_0 = \int_{\omega_1}^{\omega_h} S(\omega) \mathrm{d}\omega = \frac{G^{2(D-1)}}{2\ln\gamma} \frac{1}{4-2D} \left[\frac{1}{\omega_1^{(4-2D)}} - \frac{1}{\omega_h^{(4-2D)}} \right] \quad (2.65)$$

$$\langle z'(x) \rangle^2 = m_2 = \int_{\omega_1}^{\omega_h} \omega^2 S(\omega) \mathrm{d}\omega = \frac{G^{2(D-1)}}{2\ln\gamma} \frac{1}{(2D-2)} \left[\omega_h^{(2D-2)} - \omega_1^{(2D-2)} \right] \quad (2.66)$$

$$\langle z''(x) \rangle^2 = m_4 = \int_{\omega_1}^{\omega_h} \omega^4 S(\omega) \mathrm{d}\omega = \frac{G^{2(D-1)}}{2\ln\gamma} \frac{1}{2D} \left[\omega_h^{2D} - \omega_1^{2D} \right] \quad (2.67)$$

其中，ω_1 为最低截止频率，$\omega_1 = 1/L_1$，L_1 为轮廓采样长度；ω_h 为最高截止频率，$\omega_h = 1/\Delta$，Δ 为取样间距。当 $\omega_1 \ll \omega_h$ 时，统计参数遵循如下规律，$m_0 \propto \omega_1^{-(4-2D)}$，$m_2 \propto \omega_h^{(2D-2)}$，$m_4 \propto \omega_h^{2D}$，这些参数表示了表面形貌的宏观特征，并且与测量仪器的分辨率有关。

2.4.1　分形参数及截止频率的影响

带宽参数 α 是粗糙表面弹性接触理论中极其重要的参数，在 $\omega_1 \ll \omega_h$ 的情况下，带宽参数的分形形式为

$$\alpha = \frac{(2D-2)^2}{2D(4-2D)} \left(\frac{\omega_h}{\omega_1} \right)^{4-2D} \quad (2.68)$$

从式(2.68)中可以发现当分形维数 $D < 2$ 时，带宽参数 α 依赖于最高截止频率 ω_h 的变化而变化，但是 ω_h 的确定具有很大难度。

图 2.4 显示了带宽参数 α 与最高截止频率 ω_h 以及分形维数 D 之间的关系，α 随着 ω_h 的增大而增大，当 ω_h 保持不变时，D 越大，α 越小。

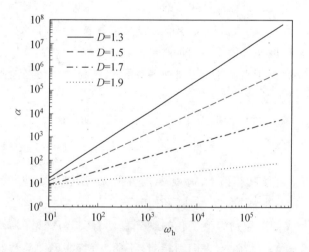

图 2.4　分形维数 D 和最高截止频率 ω_h 对带宽参数 α 的影响

图 2.5 显示了分形维数 D 和最高截止频率 ω_h 对 W-M 功率谱 $S(\omega)$ 的影响，从图中可以看出功率谱密度的斜率的绝对值随着 D 的增大而减小。

上文中名义热流密度 q_{nom}^c 和名义接触压强 p_{nom} 的常数项的比例关系可以用谱矩表示为

$$\text{ratio} = 66.12 \frac{C_1 C_2 \theta \sqrt{V}}{(C_1 + C_2) E^*} \left(\frac{1}{m_0}\right)^{3/8} \left(\frac{1}{m_4}\right)^{1/8} \tag{2.69}$$

图 2.6 为 q_{nom}^c 和 p_{nom} 的常数项之比与分形维数 D 之间的关系图,图中的直线随着 D 的增大而越来越陡峭。

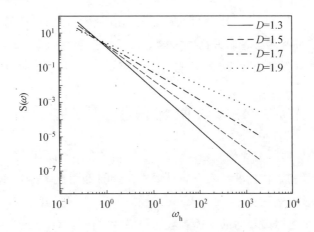

图 2.5　分形维数 D 和最高截止频率 ω_{h} 对功率谱 $S(\omega)$ 的影响

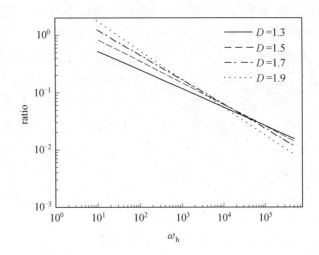

图 2.6　q_{nom}^c 和 p_{nom} 的常数项之比与分形维数 D 之间的关系

2.4.2　最高截止频率的范围

虽然许多表面都呈现分形特征,但是实际的分形表面将会导致二次谱矩 m_2 和四次谱矩 m_4 的值为无穷大。因此,理论研究中需要确定一个截止频率,使功率密度在该频率上被截断,理论结果有多大的可用性取决于最高截止频率 ω_{h} 的取值。式(2.62)中,截止频率 ω_{h} 对导热的影响仅仅存在于 $R^{1/4}$ 中,因为偏差 σ 不受 ω_{h} 的影响。$R^{1/4}$ 与 ω_{h} 的关系为

$$R^{1/4} \sim (m_4)^{-1/8} \sim \omega_h^{-D/4} \ ; \ (1 \leqslant D < 2) \tag{2.70}$$

截断表面的最短波长与最大截止频率 ω_h 间的关系式为 $\lambda_h = 2\pi/\omega_h$，$\lambda_h$ 的最小值由材料的原子结构决定，可取的最大值需要能够对粗糙表面的特征进行充分的表述，因此可以确定 λ_h 的范围在 $10 \ \text{nm} \sim 10 \ \mu\text{m}$ 之间。在此范围内，$R^{1/4}$ 的变化范围为 $10^{-3D/4}$ 数量级，当 $D = 1.5$ 时，$10^{-3D/4} = 1/13$。由此可知，用于描述粗糙表面的尺度的选择，以及参数范围对接触热阻的定量预测有着非常重要的影响。但是接触热阻和材料特性参数、滑动速度以及与名义接触压强近似呈线性的参数依赖关系，不受最高截止频率 ω_h 的影响。

2.5　宏观有限元模型的边界条件

对于宏观粗糙表面间的导热问题，通常情况下有限元网格难以准确地描述表面的粗糙情况，即网格数量和细化程度都难以满足要求。而且数量庞大的网格有可能导致计算不收敛，或者计算时间被延长，从而大大降低计算效率。因此，可以采用上文中得到的理论结果，将相互作用的粗糙表面的粗糙参数和材料特性作为有限元分析的边界条件，用两个光滑表面间的相对运动替代微凸体随机分布的粗糙表面间的相互作用。由于实际微凸体间的相互作用比有限元网格的尺寸宽度要小好几个数量级，可以合理地将两个物体的本体平均温度 T_1 和 T_2 作为接触表面上的节点温度。因此，滑动表面上的热流可以采用上文中得到的平均热流的表达式。式(2.61)中的粗糙参数 R_1、R_2、σ_1 和 σ_2 可以通过 2.2.1 节中表示粗糙表面特性的功率谱矩决定，粗糙表面轮廓性质可以通过表面测量仪获得。σ_i 的取值近似等于表面的 RMS 粗糙度值，并且对于确定的粗糙表面，其 RMS 值是一定的；由于 R_i 在式(2.61)中对平均热流的影响非常微弱，因此 R_i 的取值即使是粗略的估计值也是合理的。宏观有限元模型中，式(2.54)给出了流入两个物体的热流量 q_1、q_2，其中摩擦生热量为 $q_{\text{nom}}^f = \mu V p_{\text{nom}}$，由温差产生的纯导热量 q_{nom}^c 由式(2.61)决定，p_{nom} 为局部接触压强。

2.6　本章小结

本章对 GW 模型进行了发展，建立了一个粗糙表面的滑动热接触模型，采用本模型可以对不同温度下相互接触的两个物体之间的平均名义热流密度以及名义接触压强进行预测，还可以对滑动粗糙表面间的有效接触热导进行评估。与以往的绝大多数接触模型不同，本模型中的两个相对滑动的表面都是粗糙的，由微凸体之间的瞬时相互作用构成的两个粗糙表面上的接触过程在时间和空间上都具有随机性。微凸体间相互作用的瞬态特性对于导热问题具有重要的影响。主要结论包括：

（1）与 GW 模型的结果相同，名义接触面积上微凸体的接触个数以及接触热导随着名义接触压强的增大成比例增长，但是单个微凸体的平均接触半径与名义接触面积或者接触压强的大小无关。

（2）名义热流密度与名义接触压强之间呈幂律关系，即 $q_{\mathrm{nom}}^{c} \propto p_{\mathrm{nom}}^{0.96}$ 。

（3）表面粗糙参数、材料特性、名义接触压强以及滑动速度对接触热导有重要影响。接触热导不仅与接触压强近似呈线性关系，而且与速度的平方根成正比，与粗糙度的 3/4 次方成反比。

（4）准分形表面的功率谱密度斜率的绝对值随着分形维数 D 的增大而减小，并且名义热流密度 q_{nom}^{c} 和名义接触压强 p_{nom} 的常数项之比随着分形维数 D 的增大而增大。

（5）本章中的结论可以为宏观导热的有限元数值分析提供边界条件，有限元模型中无须建立复杂的粗糙表面，粗糙表面之间的接触属性可以通过对接触热导的定义来实现，从而可以缩短仿真时间，提高计算精度。

第3章　微凸体瞬态接触过程中的接触压力及闪点温度研究

　　研究粗糙半平面间的接触问题时,通常是通过将其中一个表面的粗糙特性复合给另一个表面,从而将问题简化为一个粗糙表面和一个光滑表面之间的接触问题。对于静态接触问题,这种方法适用于所有的接触情况,并且数学上是严格的。但是对于滑动的接触问题,这种方法会产生定性误差。假设一个复合粗糙表面在光滑的半平面上滑动,在滑动过程中微凸体间将保持持续的接触,并且两个接触面间的距离将保持不变;当参考系随粗糙表面移动时,摩擦生热将最终导致接触导热达到稳定状态。相反地,当两个接触表面都被作为粗糙表面处理时,单对微凸体的接触过程将会是一个瞬态接触过程,在给定的某个分离距离下的法向接触压力是随机的,将会引起随机振动,并且温度场也是随机分布的。

　　上述问题在表面粗糙程度完全相同,并且远离结合面处的边界温度也相同的相对滑动的两个物体间的热接触问题中,尤为突出。考虑对称性可知,摩擦生热量应该均等地分配给两个接触体,但是如果将其中一个表面的粗糙特性复合给另一个物体的粗糙表面,根据 Blok 和 Jaeger 提出的经典求解方法以及许多学者在此基础上推广得到的预测方法可知,大部分的摩擦生热量将流入具有光滑表面的物体,因为光滑表面相对于复合粗糙表面是运动的。在这种热接触问题中,Blok 等人的经典求解方法将不再适用。

　　尽管已经有大量的文献对滑动接触过程中的温度变化情况进行了分析,却很少有作者对微凸体接触对之间的瞬态热相互作用进行研究。Barber 在假设微凸体相互作用过程中的接触面积保持不变的基础上,给出了高 Peclet 数下的近似求解方法。Gecim 和 Winer 采用同样的假设对一个微凸体在短暂的接触过程中的最大温度进行了估算,并且对闪点温度在非接触时间段内的衰减情况进行了研究。Smith 和 Arnell 采用有限元方法对单对微凸体瞬态接触过程中的闪点温度进行了仿真计算,他们假设接触压强等于材料的刚度 H,并且接触面积等于半径为 a 的两个相对滑动的圆面的截面面积。

　　在上一章中,已经通过统计接触模型对滑动粗糙表面上微凸体间瞬态接触的统计学特征进行了研究。在简化了的运动模型以及假设一维导热的基础上,采用解析法对单对微凸体接触作用过程中的瞬态导热情况进行了分析。本章将首先对微凸体接触过程中法向接触压力的随机分布情况进行分析;其次,对接触面上的闪点温度进行求解;最后将采用有限元方法对两个微凸体间的瞬态导热过程进行更为准确的分析。

3.1　接触压力的统计特性

两个粗糙表面相对滑动时,微凸体间的接触过程是一个随机过程,实际的接触力是时间的函数(随着接触时间的增大先从零增大到最大,再减小到零),并且在微凸体相互接触的过程中不断波动,这将导致许多动态问题的产生,需要建立随机动态模型来求解。上一章中已经给出了接触过程中的平均名义接触压强 p_{nom} ,因此总接触压力的平均值可以用 p_{nom} 与名义接触面积的乘积来表示。本节将通过对瞬时的接触压力进行傅里叶变换得到功率谱,并且对其进行无量纲分析,从而对接触压力的统计特性进行分析。

3.1.1　单对微凸体接触作用的功率谱

对于轴对称的 Hertz 接触模型,单个微凸体的法向接触压力在接触作用持续的时间段 $[-t_0, t_0]$ 内,从时域到频域的傅里叶函数为

$$f(\omega) = \int_{-\infty}^{\infty} P(t) e^{-j\omega t} dt = \int_{-t_0}^{t_0} P(t) e^{-j\omega t} dt$$

$$= \int_{-t_0}^{t_0} P(t)(\cos(\omega t) - j\sin(\omega t)) dt = \int_{-t_0}^{t_0} P(t)\cos(\omega t) dt \qquad (3.1)$$

代入式(2.5)、式(2.6)和式(2.7)得到法向接触压力为

$$P(t) = \frac{4E^* \sqrt{R^*} d_0^{3/2}}{3} \left(1 - \frac{t^2}{t_0^2}\right)^{3/2}$$

由于 $P(t)$ 为偶函数, $\sin(\omega t)$ 为奇函数,因此式(3.1)中的虚数项在区间 $[-t_0, t_0]$ 上的积分值等于 0。假设 $\tau = t/t_0$,傅里叶函数变为 ω 和 t_0 的函数,式(3.1)化简为

$$f(\omega, t_0) = \frac{4E^* \sqrt{R^*} d_0^{3/2} t_0}{3} \int_{-1}^{1} (1 - \tau^2)^{3/2} \cos(\omega t_0 \tau) d\tau$$

$$= \frac{\sqrt{2}\pi E^* V^3 \sqrt{R_1 R_2} t_0^4}{(R_1 + R_2)^2} \left(\frac{-J_0(\omega t_0)}{(\omega t_0)^2} + \frac{2J_1(\omega t_0)}{(\omega t_0)^3}\right) \qquad (3.2)$$

其中, $J_0(\omega t_0)$ 和 $J_1(\omega t_0)$ 分别是第一类零阶贝塞尔函数和第一类一阶贝塞尔函数,其积分项为

$$J_0(\omega t_0) = \frac{1}{\pi} \int_0^{\pi} \cos(\omega t_0 \sin\theta) d\theta \qquad (3.3a)$$

$$J_1(\omega t_0) = \frac{1}{\pi} \int_0^{\pi} \cos(\theta - \omega t_0 \sin\theta) d\theta = \frac{1}{\pi} \int_0^{\pi} \cos\theta \sin(\omega t_0 \sin\theta) d\theta \qquad (3.3b)$$

功率谱的定义为

$$S_f(\omega) = \lim_{T \to \infty} \frac{|f(\omega)|^2}{2T} \qquad (3.4)$$

相应地,将式(3.2)代入式(3.4),且令 $2T = S/V$, S 为滑动距离, V 为滑动速度,则单对微凸体相互作用过程中接触压力的功率密度函数可以表示为

$$S_f(\omega, t_0) = \left(\frac{\sqrt{2}\pi E^* V^3 \sqrt{R_1 R_2}}{(R_1 + R_2)^2}\right)^2 \frac{V}{S} \left(\frac{|J_0(\omega t_0)| t_0^4}{\omega^4} - \frac{4J_0(\omega t_0)J_1(\omega t_0)t_0^3}{\omega^5} + \frac{4|J_1(\omega t_0)| t_0^2}{\omega^6}\right)$$

$$(3.5)$$

3.1.2　总接触力的功率谱

与上一章中求解总摩擦生热量 $Q_f(S)$ 和由于体积温差 ΔT 导致的总热交换量 $Q_c(S)$ 的求解方法类似,总接触力的功率密度函数可以表示为关于 b、h_1 和 h_2 的三重积分函数,即有

$$S(\omega, t_0) = \frac{1}{A_{nom}} \int_{-\infty}^{\infty} \int_{h_0 - h_2}^{\infty} \int_0^{b_0} \Phi(b) \varphi_1(h_1) \varphi_2(h_2) S_f(\omega, t_0) \, db \, dh_1 \, dh_2$$

$$= \frac{4\pi^2 N_1 N_2 (E^*)^2 V^7 R_1 R_2}{(R_1 + R_2)^4} \left(\frac{I_1}{\omega^4} - \frac{4I_2}{\omega^5} + \frac{4I_3}{\omega^6}\right)$$

$$(3.6)$$

其中

$$I_1 = \frac{1}{2\pi\sigma_1\sigma_2} \int_{-\infty}^{\infty} \int_{h_0 - h_2}^{\infty} \int_0^{b_0} e^{-\left(\frac{h_1^2}{2\sigma_1^2} + \frac{h_2^2}{2\sigma_2^2}\right)} |J_0(\omega t_0)|^2 t_0^4 \, db \, dh_1 \, dh_2$$

$$(3.7a)$$

$$I_2 = \frac{1}{2\pi\sigma_1\sigma_2} \int_{-\infty}^{\infty} \int_{h_0 - h_2}^{\infty} \int_0^{b_0} e^{-\left(\frac{h_1^2}{2\sigma_1^2} + \frac{h_2^2}{2\sigma_2^2}\right)} J_0(\omega t_0) J_1(\omega t_0) t_0^3 \, db \, dh_1 \, dh_2$$

$$(3.7b)$$

$$I_3 = \frac{1}{2\pi\sigma_1\sigma_2} \int_{-\infty}^{\infty} \int_{h_0 - h_2}^{\infty} \int_0^{b_0} e^{-\left(\frac{h_1^2}{2\sigma_1^2} + \frac{h_2^2}{2\sigma_2^2}\right)} |J_1(\omega t_0)|^2 t_0^2 \, db \, dh_1 \, dh_2$$

$$(3.7c)$$

要求解 I_1、I_2 和 I_3,首先需要对积分次序进行变换。通过式(3.5)可以将对 db 的积分用对 dt_0 的积分来代替,即有 $db = -V^2 t_0 \, dt_0 / \sqrt{b_0^2 - V^2 t_0^2}$,相应地,区间 $0 < b < b_0$ 可以用区间 $0 < t_0 < b_0/V$ 来代替,积分上限为 $t_0 = b_0/V = \sqrt{2(R_1 + R_2)(h_1 + h_2 - h_0)}/V$;将 dt_0 和 dh_1 交换顺序后,dh_1 的积分下限为 $h_1 = h_0 - h_2 + V^2 t_0^2 / 2(R_1 + R_2)$,$I_1$ 变换为

$$I_1 = \frac{V^2}{2\pi\sigma_1\sigma_2} \int_{-\infty}^{\infty} \left[\int_0^{\infty} |J_0(\omega t_0)|^2 t_0^5 \left(\int_{h_0 - h_2 + \frac{V^2 t_0^2}{2(R_1 + R_2)}}^{\infty} \frac{e^{-\left(\frac{h_1^2}{2\sigma_1^2} + \frac{h_2^2}{2\sigma_2^2}\right)}}{\sqrt{2(R_1 + R_2)(h_1 + h_2 - h_0) - V^2 t_0^2}} dh_1\right) dt_0\right] dh_2$$

$$(3.8)$$

式(3.8)中关于 dt_0 和 dh_2 的积分区间是常数,因此可以直接交换积分顺序,令 $H = (h_0 + V^2 t_0^2) / [2(R_1 + R_2)]$,积分 I_1 可最终化简为

$$I_1 = \frac{V^2}{2\sqrt{2(R_1 + R_2)}\pi\sigma_1\sigma_2} \int_0^{\infty} |J_0(\omega t_0)|^2 t_0^5 \left[\int_{-\infty}^{\infty} \left(\int_{H - h_2}^{\infty} \frac{e^{-\left(\frac{h_1^2}{2\sigma_1^2} + \frac{h_2^2}{2\sigma_2^2}\right)}}{\sqrt{h_1 + h_2 - H}} dh_1\right) dh_2\right] dt_0$$

$$(3.9)$$

同理,I_2 和 I_3 可以化简为

$$I_2 = \frac{V^2}{2\sqrt{2(R_1 + R_2)}\pi\sigma_1\sigma_2} \int_0^{\infty} J_0(\omega t_0) J_1(\omega t_0) t_0^4 \left[\int_{-\infty}^{\infty} \left(\int_{H - h_2}^{\infty} \frac{e^{-\left(\frac{h_1^2}{2\sigma_1^2} + \frac{h_2^2}{2\sigma_2^2}\right)}}{\sqrt{h_1 + h_2 - H}} dh_1\right) dh_2\right] dt_0$$

$$(3.10)$$

$$I_3 = \frac{V^2}{2\sqrt{2(R_1+R_2)}\,\pi\sigma_1\sigma_2} \int_0^\infty |J_1(\omega t_0)|^2 t_0^3 \left[\int_{-\infty}^\infty \left(\int_{H-h_2}^\infty \frac{e^{-\left(\frac{h_1^2}{2\sigma_1^2}+\frac{h_2^2}{2\sigma_2^2}\right)}}{\sqrt{h_1+h_2-H}} dh_1 \right) dh_2 \right] dt_0$$

(3.11)

参考附录 1 中的积分方法,对 I_1、I_2 和 I_3 中关于 dh_1 和 dh_2 的内积分进行求解,且令 $\hat{H}=H/\sqrt{2(\sigma_1^2+\sigma_2^2)}$,当 $\hat{H}$ 为定值时,I_1、I_2 和 I_3 仅为贝塞尔函数的积分,即有

$$I_1 = \frac{V^2}{2^{3/4}\sqrt{\pi}\,\sqrt{R_1+R_2}\,(\sigma_1^2+\sigma_2^2)^{1/4}} \int_0^\infty |J_0(\omega t_0)|^2 t_0^5 \left[\int_0^\infty e^{-(y+\hat{H})^2} y^{-\frac{1}{2}} dy \right] dt_0$$

(3.12a)

$$I_2 = \frac{V^2}{2^{3/4}\sqrt{\pi}\,\sqrt{R_1+R_2}\,(\sigma_1^2+\sigma_2^2)^{1/4}} \int_0^\infty J_0(\omega t_0) J_1(\omega t_0) t_0^4 \left[\int_0^\infty e^{-(y+\hat{H})^2} y^{-\frac{1}{2}} dy \right] dt_0$$

(3.12b)

$$I_3 = \frac{V^2}{2^{3/4}\sqrt{\pi}\,\sqrt{R_1+R_2}\,(\sigma_1^2+\sigma_2^2)^{1/4}} \int_0^\infty |J_1(\omega t_0)|^2 t_0^3 \left[\int_0^\infty e^{-(y+\hat{H})^2} y^{-\frac{1}{2}} dy \right] dt_0$$

(3.12c)

3.1.3　总接触力的无量纲功率谱

为了使分析结果更具有普遍性,对 I_i 进行归一化处理,令 $t_0=\beta\tilde{t}_0$,$\omega=\tilde{\omega}/\beta$,其中 $1/\beta=V/\left[2^{3/4}\sqrt{R_1+R_2}\,(\sigma_1^2+\sigma_2^2)^{1/4}\right]$,则 I_i 的无量纲形式为

$$I_1 = \frac{V\beta^5}{\sqrt{\pi}} \int_0^\infty |J_0(\tilde{\omega}\tilde{t}_0)|^2 \tilde{t}_0^5 \left[\int_0^\infty e^{-(y+\hat{H})^2} y^{-\frac{1}{2}} dy \right] d\tilde{t}_0$$

(3.13a)

$$I_2 = \frac{V\beta^4}{\sqrt{\pi}} \int_0^\infty J_0(\tilde{\omega}\tilde{t}_0) J_1(\tilde{\omega}\tilde{t}_0) \tilde{t}_0^4 \left[\int_0^\infty e^{-(y+\hat{H})^2} y^{-\frac{1}{2}} dy \right] d\tilde{t}_0$$

(3.13b)

$$I_3 = \frac{V\beta^3}{\sqrt{\pi}} \int_0^\infty |J_1(\tilde{\omega}\tilde{t}_0)|^2 \tilde{t}_0^3 \left[\int_0^\infty e^{-(y+\hat{H})^2} y^{-\frac{1}{2}} dy \right] d\tilde{t}_0$$

(3.13c)

其中,$y=\dfrac{h_1+h_2}{\sqrt{2(\sigma_1^2+\sigma_2^2)}}-\hat{H}$, $\hat{H}=\hat{h}_0+\tilde{t}_0^2$, $\hat{h}_0=\dfrac{h_0}{\sqrt{2(\sigma_1^2+\sigma_2^2)}}$ 。

将经过归一化处理的 I_1、I_2 和 I_3 代入式(3.6),并且用 $\tilde{\omega}$ 代替 ω,用 $x=\tilde{\omega}\tilde{t}_0$ 代替 $\tilde{t}_0$,对于完全相同的两个表面有 $R_1=R_2=R$,$\sigma_1=\sigma_2=\sigma$,$N_1=N_2=N$,因此,总接触力的功率谱的无量纲形式为

$$\tilde{S}(\tilde{\omega}) \frac{V}{2^{23/2}\pi^{3/2} E^{*2} N^2 R^{5/2} \sigma^{9/2}}$$

$$= \frac{1}{\tilde{\omega}^4} \left(\int_0^\infty \left([J_0(\tilde{\omega}\tilde{t}_0)]\tilde{t}_0 - \frac{2[J_1(\tilde{\omega}\tilde{t}_0)]}{\tilde{\omega}} \right)^2 \tilde{t}_0^3 \left[\int_0^\infty e^{-(y+\hat{H})^2} y^{-\frac{1}{2}} dy \right] d\tilde{t}_0 \right)$$

$$= \frac{1}{\tilde{\omega}^{10}} \left(\int_0^\infty ([J_0(x)]x - 2[J_1(x)])^2 x^3 \left[\int_0^\infty e^{-\left(y+\hat{h}_0+\frac{x^2}{\tilde{\omega}^2}\right)^2} y^{-\frac{1}{2}} dy \right] dx \right)$$

(3.14)

其中，$\tilde{\omega} = 2^{3/2}\sqrt{R\sigma}\,\omega/V$。由式(3.14)可以得知，总接触力的功率谱的无量纲形式最终化简为仅有一个自变量 $\tilde{\omega}$ 的函数，并且受到无量纲参数 $\hat{h}_0 = h_0/\sqrt{2(\sigma_1^2 + \sigma_2^2)}$ 的影响。对于 $\tilde{\omega} = 0$ 的极限情况，单个微凸体接触压力的傅里叶变换即式(3.2)，可以化简为

$$f(0,t_0) = \frac{\sqrt{2}\,\pi E^* V^3 \sqrt{R_1 R_2}\, t_0^4}{8\,(R_1 + R_2)^2} \tag{3.15}$$

单对微凸体相互作用过程中接触压力的功率密度函数即式(3.5)，化简为

$$S_f(0,t_0) = \lim_{S \to \infty} \left(\frac{\sqrt{2}\,\pi E^* V^3 \sqrt{R_1 R_2}}{8\,(R_1 + R_2)^2} \right)^2 \frac{V}{S} \tag{3.16}$$

总接触压力的功率密度函数即式(3.7)，化简为

$$S(0) = \frac{\pi N_1 N_2 E^* V^7 R_1 R_2}{32\,(R_1 + R_2)^4 \sigma_1 \sigma_2} \int_{-\infty}^{\infty} \int_{h_0 - h_2}^{\infty} \int_0^{b_0} \mathrm{e}^{-\left(\frac{h_1^2}{2\sigma_1^2} + \frac{h_2^2}{2\sigma_2^2} \right)} t_0^8 \, \mathrm{d}b \mathrm{d}h_1 \mathrm{d}h_2 \tag{3.17}$$

在 $\tilde{\omega} = 0$ 的极限情况下，对于给定的粗糙表面，材料特性和表面各粗糙参数值是一定的，对于完全相同的两个粗糙表面在相对滑动时，总接触压力的功率密度与无量纲参数 $\hat{h}_0$ 所决定的积分值成正比，对于不同的 $\hat{h}_0$，有

$$\begin{cases} \tilde{S}(0) \propto 7.565 \times 10^{-7}; \hat{h}_0 = 2 \\ \tilde{S}(0) \propto 3.395 \times 10^{-8}; \hat{h}_0 = 2.5 \end{cases} \tag{3.18}$$

式(3.18)为图3.1中折线的起始点提供了纵坐标值。图3.1中的实线对应的是 $\hat{h}_0 = 2$ 时 $\tilde{S}(\tilde{\omega})$ 随 $\tilde{\omega}$ 变化的对数图，虚线对应 $\hat{h}_0 = 2.5$ 的情况。从图中可以看出，当 $\tilde{\omega}$ 在区间 $[0,1]$ 内变化时，总接触压力的无量纲功率函数值保持恒定；当 $\tilde{\omega} > 1$ 时，虚线和实线都随 $\tilde{\omega}$ 的增大而呈现下降趋势；当 $\tilde{\omega} > 5$ 时，虚线和实线的斜率保持恒定，对于 $\hat{h}_0 = 2$ 的实线，用 Matlab 拟合得到该段区域内的 $\tilde{S}(\tilde{\omega})$ 与 $\tilde{\omega}$ 间存在式(3.19)所示的幂律关系

$$\tilde{S}(\tilde{\omega}) \propto 6.892 \times 10^{-5}\, (\tilde{\omega})^{-5.018}; \ \hat{h}_0 = 2 \tag{3.19}$$

由式(3.19)可知 $\hat{h}_0 = 2$ 对应的幂指数为 -5.018；同理可得 $\hat{h}_0 = 2.5$ 对应的幂指数为 -5.021。对比可知，$\hat{h}_0$ 取不同值时，幂指数的大小只在小数点后第二位开始有所不同，因此可以认为，对于任意的 $\hat{h}_0$，$\tilde{S}(\tilde{\omega})$ 与 $\tilde{\omega}$ 的幂律关系中的幂指数均等于 -5，即 $\tilde{\omega} > 5$ 时，不同的无量纲参数 $\hat{h}_0$ 对应的是一系列斜率均为 -5 的平行直线。

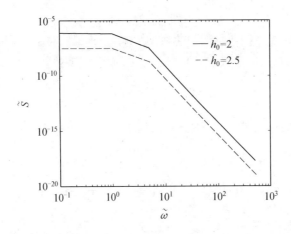

图 3.1　$\widetilde{S}(\widetilde{\omega})$ 随 $\widetilde{\omega}$ 变化的对数图

3.2　闪点温度

本节将在上一章微观微凸体瞬态接触导热研究的基础上对由于摩擦生热产生的闪点温度及其分布情况进行研究。

3.2.1　单对微凸体接触过程中的闪点温度

对于接触面上($x=0$ 处)单位时间内单位面积上的热流密度为 $f(t)$ 的导热问题，Carslaw 指出 t 时刻距离接触面距离为 x 处的温度 v 为

$$v = \frac{k^{1/2}}{K\pi^{1/2}} \int_0^t f(t-\tau) \, \mathrm{e}^{-x^2/4\pi\tau} \frac{\mathrm{d}\tau}{\tau^{1/2}} \tag{3.20}$$

$x=0$ 时，式(3.20)中对应的指数项等于 1。由于物体 2 在物体 1 上滑动时，接触作用的时间极短，垂直于接触面滑动方向的热梯度非常大，因此，每对微凸体间的导热都可以看作是半无限大的固体之间的瞬态导热问题来处理。假设物体 1 和物体 2 的初始体积温度均等于零，对式(3.20)进行变量替换，可以得到从开始接触到某一时刻 t，交界面上中心位置($x=y=0$)处的瞬态温度为

$$T(0,t) = \int_{-t_0}^t \frac{q_i(0,\tau)}{C_i\sqrt{\pi(t-\tau)}} \mathrm{d}\tau \tag{3.21}$$

其中，$q_i(0,\tau)$ 为接触面中心的热流密度，下标 $i=1,2$。

根据式(2.14)可知流入物体 1 和物体 2 的单位面积热流率为

$$q_1(x,y,\tau) = \frac{C_1}{C_1+C_2} q(x,y,\tau) \tag{3.22a}$$

$$q_2(x,y,\tau) = \frac{C_2}{C_1+C_2} q(x,y,\tau) \tag{3.22b}$$

单位面积上的摩擦生热率等于摩擦力所做的功，因此

$$q(x,y,\tau) = \mu p(x,y,\tau) V \tag{3.23}$$

采用第 2 章中图 2.2(b) 所示的简化运动形式,最大温度将会出现在接触面积的中心位置($r=0$)。结合式(2.6)和式(2.7)可知,中心位置的接触压强为

$$p(0) = \frac{2E^*}{\pi} \sqrt{\frac{d_0}{R^*}\left(1 - \frac{t^2}{t_0^2}\right)} \tag{3.24}$$

将式(3.24)代入式(3.23)可以得到接触面中心位置的摩擦热流密度为

$$q_0 = V\mu p(0) = \frac{2\mu VE^*}{\pi} \sqrt{\frac{d_0}{R^*}(1-\tau^2)} \tag{3.25}$$

其中,$\tau = t/t_0$。将式(3.25)代入式(3.21),得到该点的温度为

$$T_0(t) = \int_{-t_0}^{t} \frac{q_0(s)}{(C_1+C_2)\sqrt{\pi(t-s)}} \mathrm{d}s = \frac{2\mu VE^*}{(C_1+C_2)\pi^{3/2}} \sqrt{\frac{d_0 t_0}{R^*}} \widetilde{T}(\tau) \tag{3.26}$$

其中

$$\widetilde{T}(\tau) = \int_{-1}^{\tau} \sqrt{\frac{1-\zeta^2}{\tau-\zeta}} \mathrm{d}\zeta \tag{3.27}$$

无量纲温度 $\widetilde{T}(\tau)$ 随无量纲时间 τ 的变化趋势如图 3.2 所示,随着接触时间的增加,$\widetilde{T}(\tau)$ 先增大后减小。图 3.2 所示的瞬态接触过程中表面最高温度的变化趋势与 Smith 和 Arnell 采用有限元模型仿真得到的结果相类似。从图中可以看出,当 $\tau = 0.65$ 时,$\widetilde{T}(\tau)$ 达到最大值 2.19,由此可知单对微凸体接触过程中的最大(闪点)温度为

$$T_0 = \frac{4.38\mu VE^*}{(C_1+C_2)\pi^{3/2}} \sqrt{\frac{d_0 t_0}{R^*}} = \frac{0.94\mu VE^* (R_1+R_2)^{3/4} d_0^{3/4}}{(C_1+C_2)\sqrt{R_1 R_2}} \tag{3.28}$$

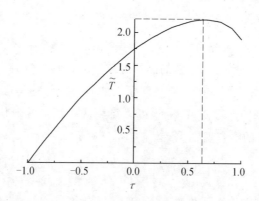

图 3.2　单对微凸体接触作用过程中接触面中心的无量纲温度 $\widetilde{T}(\tau)$ 的变化趋势

3.2.2　闪点温度比较

Archard 在对闪点温度进行计算时,假设接触面积为圆形,接触圆内的热流密度均匀分布,并且假设在较大的滑动速度下($Pe > 10$)的表面温度与距离接触面前缘的距离 z 的平方根成正比,即有

$$T = Az^{1/2} \tag{3.29}$$

则对于接触半径为 a 的接触面,最高温度将出现在接触面积的尾缘处,最大温度为

$$T_{\max} = A\sqrt{2a} \tag{3.30}$$

其中,a 表示接触圆的半径。

Archard 模型的接触面积的轮廓如图 3.3 所示,接触过程中的平均温度为

$$
\begin{aligned}
T_{\text{ave}} &= \frac{1}{\pi a^2} \int_{-a}^{a} \int_{a-\sqrt{a^2-y^2}}^{a+\sqrt{a^2-y^2}} Az^{1/2} \, dz \, dy \\
&= \frac{2A}{3\pi a^2} \int_{-a}^{a} \left[\left(a+\sqrt{a^2-y^2}\right)^{3/2} - \left(a-\sqrt{a^2-y^2}\right)^{3/2} \right] dy \\
&= \frac{9.051 A a^{1/2}}{3\pi} \approx 0.960 A a^{1/2}
\end{aligned}
\tag{3.31}
$$

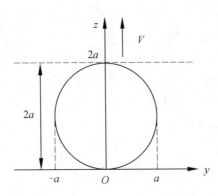

图 3.3　接触面积轮廓示意图

可以计算得到粗糙表面上的最大温度与平均温度的比值为

$$\frac{T_{\max}}{T_{\text{ave}}} = 1.473 \tag{3.32}$$

对于滑动速度较大的导热问题($Pe > 10$),Archard 给出的平均温度为

$$T_{\text{ave}} = \frac{0.31Q}{Ka}\sqrt{\frac{k}{Va}} \; ; \; Q = \mu VP \tag{3.33}$$

对于完全相同的两个表面($R_1 = R_2 = R$,$C_1 = C_2 = C$),Hertz 接触模型中接触面积的半径 a 以及名义接触压力 P 可以化简为

$$a = \sqrt{\frac{Rd}{2}} \; ; \; P = \frac{4E^*\sqrt{R}d^{3/2}}{3\sqrt{2}} \tag{3.34}$$

将式(3.34)代入式(3.33)可以得到采用 Archard 公式预测的平均温度为

$$T_{\text{ave}} = \frac{0.31Q}{Ka}\sqrt{\frac{k}{Va}} = \frac{0.31\mu V^{1/2}}{C} \frac{4E^*\sqrt{R}d^{3/2}}{3\sqrt{2}} \left(\frac{Rd}{2}\right)^{-3/4} = \frac{0.49\mu V^{1/2}E^* d^{3/4}}{CR^{1/4}}$$

$$\tag{3.35}$$

将式(3.35)代入式(3.32),得到接触面上的最大温度为

$$T_{\max} = 1.473 T_{\text{ave}} \approx \frac{0.72 \mu V^{1/2} E^* \, d^{3/4}}{CR^{1/4}} \tag{3.36}$$

令式(3.28)中的 $R_1 = R_2 = R$，$C_1 = C_2 = C$，可以得到两个完全相同的微凸体在相互接触过程中的最高温度为

$$T_0 = \frac{0.79 \mu V^{1/2} E^* \, d_0^{3/4}}{CR^{1/4}} \tag{3.37}$$

比较式(3.36)和式(3.37)可知，$T_0 / T_{\max} \approx 1.10$，表明本书预测的单对微凸体接触过程中的最大温度比 Archard 的预测结果高约 10%。

3.2.3　闪点温度的统计分布

不同高度的微凸体间发生接触作用时相互间的最大干涉深度 d_0 也各不相同，从而使这些接触过程中产生的闪点温度具有统计分布特征。采用本书建立的接触模型，可以对闪点温度的统计分布特征进行预测。

式(3.37)显示了单对微凸体接触过程中的闪点温度是 d_0 的单调函数，因此第 2 章中用于定义满足最大干涉距离 $d_0 > d_1$ 时粗糙表面上发生接触的微凸体个数的关系式(2.59)同样可以用于定义在某个接触作用中，闪点温度 $T_0 > T_1$ 的概率，T_1 可以通过将式(3.28)中的 d_0 用 d_1 替换求得，即有

$$\Phi(T_0 > T_1) = \frac{N(h_0 + d_1)}{N(h_0)} = \frac{I\left(\hat{h}_0 + \hat{d}_1, \dfrac{1}{2}\right)}{I\left(\hat{h}_0, \dfrac{1}{2}\right)} \tag{3.38}$$

3.2.4　平均闪点温度

求解平均闪点温度，首先可以采用与求解单位接触面上总摩擦生热量 Q_f 和总导热量 Q_c 相类似的方法，通过对 h_1、h_2 和 b 进行积分获得滑动了一段距离 S 后，单位接触面上闪点温度的总和为

$$\sum T_0 = \frac{1}{A_{\text{nom}}} \int_{-\infty}^{\infty} \int_{h_0 - h_2}^{\infty} \int_0^{b_0} \Phi(b) \, \phi_1(h_1) \, \phi_2(h_2) \, T_0 \mathrm{d}b \mathrm{d}h_1 \mathrm{d}h_2$$

$$= \frac{2.19 \times 6 \times 2^{23/8} \Gamma \, (3/4)^2 \mu \sqrt{V} E^* \, (R_1 + R_2)^{5/4} S N_1 N_2 \, (\sigma_1^2 + \sigma_2^2)^{5/8}}{5 \pi^{5/2} (C_1 + C_2) \sqrt{R_1 R_2}} I(\hat{h}_0, 5/4)$$

$$\tag{3.39}$$

其中，$I(\hat{h}_0, 5/4) = \displaystyle\int_0^{\infty} \mathrm{e}^{-(y + \hat{h}_0)^2} y^{5/4} \mathrm{d}y$。

用单位接触面上闪点温度的总和除以单位接触面积上微凸体接触总数 $N(h_0)$，即可得到单位名义接触面上的平均闪点温度 $\overline{T}_0$ 为

$$\overline{T}_0 = \frac{1}{N(h_0) A_{\text{nom}}} \int_{-\infty}^{\infty} \int_{h_0 - h_2}^{\infty} \int_0^{b_0} \Phi(b) \, \phi_1(h_1) \, \phi_2(h_2) \, T_0 \mathrm{d}b \mathrm{d}h_1 \mathrm{d}h_2 \tag{3.40}$$

再次利用附录 1 中的方法得到

$$\bar{T}_0 = \frac{0.87\mu\sqrt{V}\,(R_1+R_2)^3\,(\sigma_1^2+\sigma_2^2)^{3/8}}{(C_1+C_2)\sqrt{R_1R_2}}I_T \tag{3.41}$$

其中

$$I_T = I(\hat{h}_0,5/4)\,/\,I(\hat{h}_0,1/2) \tag{3.42}$$

将式（3.42）与式（2.56）对比可知，平均闪点温度 $\bar{T}_0$ 和平均名义接触压强 p_{nom} 之间的关系依赖于 I_T 和 I_f 之比，从图 3.4 中可以看出平均闪点温度 $\bar{T}_0$ 随着平均名义接触压强 p_{nom} 的增大而升高，但是变化范围非常微小，p_{nom} 增大四个数量级时 $\bar{T}_0$ 仅仅升高了 50%，这又与 GW 原模型中的结论相一致。

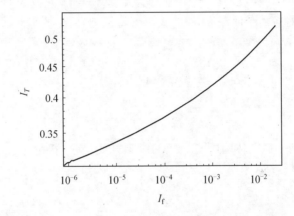

图 3.4　通过积分 I_T 和 I_f 表示的平均闪点温度 $\bar{T}_0$ 与平均名义接触压强 p_{nom} 之间的关系

当 $\hat{h}_0 = 2$ 时，计算得到 $I_T = 0.36$，式（3.41）中的平均闪点温度 $\bar{T}_0$ 可以近似表示为

$$\bar{T}_0 = \frac{0.31\mu\sqrt{V}\,(R_1+R_2)^3\,(\sigma_1^2+\sigma_2^2)^{3/8}}{(C_1+C_2)\sqrt{R_1R_2}} \tag{3.43}$$

当两个相对滑动的粗糙表面完全相同时，平均闪点温度 $\bar{T}_0$ 化简为

$$\bar{T}_0 = \frac{0.34\mu\sqrt{kV}E^*\sigma^{3/4}}{KR^{1/4}} \tag{3.44}$$

式（3.44）表明粗糙度的幅值和材料的弹性模量对平均闪点温度 $\bar{T}_0$ 有重要影响。对比式（3.44）和式（2.62）发现一个有趣的现象：影响平均闪点温度 $\bar{T}_0$ 的材料特性和粗糙度参数对接触热阻起到了完全相反的作用。因此，式（2.62）和式（3.44）之间存在如下的简化形式

$$\frac{q^c_{\text{nom}}}{T_1-T_2} \approx \frac{\mu V p_{\text{nom}}}{3\bar{T}_0} \tag{3.45}$$

二者之间的关系独立于材料属性和表面的粗糙参数。

3.3　单对微凸体瞬态接触导热的数值分析

对两个半径均为 R、滑动速度为 V 的球形微凸体的瞬态接触导热过程进行分析。假设微凸体的变形为弹性变形,则微凸体间的接触面积是圆形的,并且接触面积的瞬态接触半径和接触位置由 Hertz 接触公式决定。在接触发生之前,假设两个物体具有不同的温度,但是同一个物体内的温度处处相等,并且摩擦生热量与接触压强成正比,两个接触面之间的摩擦系数为 μ。

一般地,物体 1 上的一个微凸体在通过物体 2 上的一个微凸体的过程中,二者之间存在一个不等于零的最短距离 b。上一章中已经指出接触面积的演变仅仅取决于微凸体间处于最短距离时所对应的干涉深度 d_0 的大小。特别地,瞬时的干涉深度是与接触时间相关的函数,即

$$d(t) = d_0 \left(1 - \frac{t^2}{t_0^2}\right) \tag{3.46}$$

其中,$t_0 = \dfrac{2\sqrt{Rd_0}}{V}$。

接触时间 t 从两个微凸体间距离最短的时刻开始测量,接触半径和接触压强均为接触时间的函数,即有

$$a(t) = \sqrt{\frac{Rd(t)}{2}} \tag{3.47a}$$

$$p(r,t) = \frac{2E^*}{\pi}\sqrt{\frac{2d(t)}{R}\left(1 - \frac{r^2}{a(t)^2}\right)} = \frac{4E^*\sqrt{a(t)^2 - r^2}}{\pi R} \tag{3.47b}$$

其中,径向坐标 r 是相对于滑动过程中的瞬态接触面积的中心测量得到的。

图 2.2(a)显示了接触面积的变化过程,参考坐标系固定于其中一个物体上。在接触时间段 $-t_0 < t < 0$ 内,接触圆的半径随着时间的增长而增大;在接触时间段 $0 < t < t_0$ 内,接触圆半径随着时间的增长而减小,并且由于接触面积的圆心也发生移动,因此接触面积随时间变化的情况非常复杂。2.1 节已经对单对微凸体的瞬态导热问题给出了解析解法,但是采用的是简化的运动形式,忽略了接触面积中心的运动情况,即假设接触面积的大小随着接触时间发生变化,但是接触面积不发生移动,并且假设导热是一维导热。通过对完全导热情况下的误差分析,可以预测通过解析方法计算得到的闪点温度高于实际闪点温度,并且两个物体之间的热交换量的总和小于实际的热交换量总和,这是因为图 2.2(a)中所示的实际接触面积的运动形式使更多的表面参与到热交换过程中。

在上一章中的瞬态导热问题是通过将两个不同的导热状态进行叠加而进行求解的,即:(1)两个物体各自的体积温度不相同,即存在温度差 ΔT,但是没有摩擦热的产生,即 $\mu = 0$ 时的导热情况;(2)存在摩擦但是没有体积温差时的导热情况。本节也将采用数值

解法(有限元方法)对上述两种情况下的实际的接触导热情况进行仿真分析,同时将指出数值结果可以用一个无量纲参数,即 Peclet 数来表示,从而呈现出更为全面的、具有一般性的数值结果。

3.3.1　量纲分析

由于本节将采用数值方法进行求解,利用无量纲参数对于扩展仿真结果的一般性具有重要的意义,因此首先进行无量纲分析。采用微凸体作用过程中的最大接触半径 a_0 作为长度单位,则空间坐标系的无量纲形式为

$$\tilde{x} = \frac{x}{a_0} ; \ \tilde{y} = \frac{y}{a_0} ; \ \tilde{z} = \frac{z}{a_0} ; \ \tilde{r} = \frac{r}{a_0} \tag{3.48}$$

同样需要对无量纲时间进行定义,因为无量纲时间可以保证在无量纲的时空坐标系中,接触几何形状的演变过程对于所有的参数值都是相同的。将无量纲时间定义为

$$\tilde{t} = \frac{Vt}{a_0} \tag{3.49}$$

对于微凸体间的瞬态导热问题,热量主要集中于垂直于接触面的法线方向,为一维导热问题,瞬态导热方程为

$$\nabla^2 T = \frac{1}{k} \frac{\partial T}{\partial t} \tag{3.50}$$

在上文定义的无量纲时空坐标系中,瞬态导热方程转换为

$$\nabla^2 T = \frac{Va_0}{k} \frac{\partial T}{\partial \tilde{t}} \tag{3.51}$$

由式(3.51)可知,瞬态导热问题的求解取决于 Peclet 数,即

$$Pe = \frac{Va_0}{k} \tag{3.52}$$

3.3.1.1　无摩擦,存在体积温差下的导热情况

对于存在体积温度差 ΔT 的瞬态导热问题,无量纲温度被定义为如下形式

$$\tilde{T} = \frac{T}{\Delta T} \tag{3.53}$$

接触过程中的总热交换量可以通过对单位面积单位时间内的导热率进行积分求得,有

$$Q = \int_{-t_0}^{t_0} \int_0^{2\pi} \int_0^{a(t)} q_z(r, \theta, 0, t) r \mathrm{d}r \mathrm{d}\theta \mathrm{d}t \tag{3.54}$$

其中, $q_z = -K \dfrac{\partial T}{\partial z}$ 为在单位时间内通过单位接触面积的热流密度。

将式(3.48)、式(3.49)和式(3.53)中的无量纲参数代入式(3.54)可以得到

$$Q = \frac{Ka_0^3 \Delta T \tilde{Q}}{k} = \rho c a_0^3 \Delta T \tilde{Q} \tag{3.55}$$

其中,无量纲总导热量为

$$\widetilde{Q} = -\frac{1}{Pe} \int_{-2\sqrt{2}}^{2\sqrt{2}} \int_0^{2\pi} \int_0^{\widetilde{a}(\widetilde{t})} \frac{\partial \widetilde{T}}{\partial \widetilde{z}} (\widetilde{r}, \theta, 0, \widetilde{t}) \widetilde{r} \mathrm{d}\widetilde{r} \mathrm{d}\theta \mathrm{d}\widetilde{t} \tag{3.56}$$

由于已知的两个接触体,材料特性、粗糙参数以及体积温差都是已知的常数,因此无量纲总导热量仅取决于无量纲参数 Peclet 数。

3.3.1.2　有摩擦生热,没有体积温差下的导热情况

在不存在体积温差,只考虑摩擦生热的情况下,无量纲温度可以表示为另一种形式,即

$$\widetilde{T} = \frac{KT}{\mu k p_0} \tag{3.57}$$

其中, $p_0 = \dfrac{4E^* a_0}{\pi R}$ 为最大接触压强。

摩擦生热问题研究的热点为接触过程中产生的最高温度,即闪点温度。摩擦生热问题中唯一的非齐次边界条件如下

$$K\left(\frac{\partial T}{\partial z}(r,\theta,0^-,t) - \frac{\partial T}{\partial z}(r,\theta,0^+,t)\right) = \mu V p(r,t) \tag{3.58}$$

代入式(3.48)、式(3.49)和式(3.57),并对式(3.58)进行无量纲变换,得到

$$\frac{\partial \widetilde{T}}{\partial \widetilde{z}}(\widetilde{r},\theta,0^-,\widetilde{t}) - \frac{\partial \widetilde{T}}{\partial \widetilde{z}}(\widetilde{r},\theta,0^+,\widetilde{t}) = Pe \frac{p(r,t)}{p_0}$$

$$= Pe \sqrt{\frac{a(t)^2 - r^2}{a_0^2}} = Pe\sqrt{\widetilde{a}^2 - \widetilde{r}^2} \tag{3.59}$$

由此可见,无量纲形式的最大温度 $\widetilde{T}_{\max}$ 仅仅是关于 Peclet 数的函数,并且有量纲形式的最大温度可以表示为

$$T_{\max} = \frac{\mu k p_0}{K} \widetilde{T}_{\max} \tag{3.60}$$

3.3.2　有限元仿真

由 3.3.1.1 和 3.3.1.2 节确定的有限元模型如图 3.5 所示,该模型以速度 V 相对滑动的上、下两个半圆柱体构成,其在各自的接触面上承载有完全相同的球形微凸体。由于理论问题涉及的是两个半无限大空间之间的接触问题,需要保证用于仿真分析的有限元模型的尺寸比微凸体之间的最大接触半径 a_0 大很多。因此,建模时使图 3.5 所示的有限元模型的线性尺寸比微凸体间的最大接触半径大 15 倍以上。尽管当 Peclet 数非常小时,有限元模型的尺寸会限制仿真结果的准确性,但是在 Peclet 数减小到这一范围之前,仿真结果已经非常接近于稳态导热下的解析渐近解。

对于高 Peclet 数的情况,温度的大幅度变化集中于靠近接触面的非常小的区域中,此时有限元模型的尺寸对仿真结果的影响不再显著,但是局部温度的大幅度变化需要在

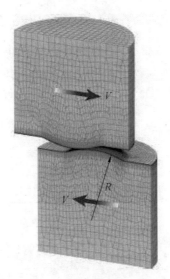

图 3.5　有限元模型

接触区域布置非常细密的网格。尤其是当两个具有不同温度的物体初次接触时,会在垂直于接触面的方向上产生非常大的温度梯度。如果网格划分得不够恰当,会造成在接触面的法线方向上只有一层或者两层单元参与热交换,这将会大大削弱计算结果的准确度。

　　本节采用三种不同密度的网格对计算精度的影响进行了探索,三种网格在沿着结合面法向上的密度依次增大。模型采用的是六面体和四面体等参单元,其中六面体单元的分布集中于接触边界附近。最粗糙的网格模型具有 12 572 个节点和 367 894 个单元,次粗糙的网格模型具有 173 675 个节点和 417 898 个单元,最密的网格模型具有 280 512 个节点和 518 990 个单元,以及 841 536 个自由度。

3.3.3　结果分析

3.3.3.1　温差导致的热交换

　　微凸体瞬态接触过程中交换的总热量 Q 通过有限元仿真计算获得,图 3.5 所示的有限元模型中位于上方的物体的初始体积温度为 1,位于下方的物体的初始体积温度为 0,在一次滑动接触过程中传递的总热量等于下物体中所有网格单元所获得的热量的总和,可由式(3.61)计算获得。

$$Q = \iiint_{\Omega} \rho c T \, \mathrm{d}\Omega \tag{3.61}$$

　　图 3.6 显示了由初始的体积温差 ΔT 引起的无量纲总热交换量 $\tilde{Q} = Q/(\rho c a_0^3 \Delta T)$ 随无量纲参数 Pe 的变化趋势。其中,虚线为式(3.66)所示的近似稳态导热情况下的无量纲总导热量 $\tilde{Q}$ 与无量纲参数 Pe 之间的线性关系,点线为式(3.63)所对应的高 Peclet 数下无量纲总导热量 $\tilde{Q}$ 与 Pe 之间的关系曲线。

　　图中的三角形、圆圈和正方形分别代表了三种不同网格密度的有限元模型,在沿着接触面的法线方向上,三角形所表示的有限元模型的网格数最稀疏,正方形所表示的有限元模型的网格数最密集。从图 3.6 中可以看出,当 $Pe < 10$ 时,无量纲总导热量 $\widetilde{Q}$ 对网格的疏密程度不敏感,但在高的 Peclet 数下,网格密度开始对仿真结果产生影响,粗糙的网格会产生明显的误差。尤其是在大的 Peclet 数下,当 $Pe > 100$ 时,只有正方形所代表的具有最细网格的有限元结果与由上一章中的理论结果所预测的无量纲总导热量 $\widetilde{Q}$ 和 $Pe^{-1/2}$ 成正比的规律相一致。

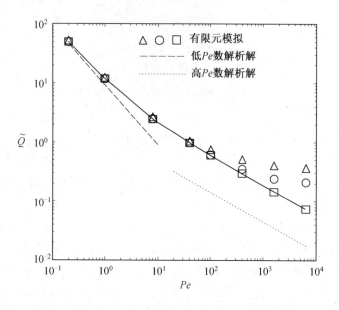

图 3.6　单对微凸体接触过程中的总热交换量

在高 Peclet 数下,对于两个完全相同的粗糙表面,单对微凸体滑动接触过程中由温差 ΔT 引起的总导热量可由上一章中的式(2.25)得到,即

$$Q_c = \frac{\sqrt{2\pi}\,C\Delta T}{10\sqrt{V}}\,(b_0^2 - b^2)^{5/4} = \frac{4\sqrt{\pi}\,Ka_0^{5/2}\Delta T}{5\sqrt{Vk}} \tag{3.62}$$

代入式(3.55)中可以得到无量纲总导热量 $\widetilde{Q}$ 的表达式,即

$$\widetilde{Q} = \frac{1}{\rho c a_0^3 \Delta T} \cdot \frac{4\sqrt{\pi}\,Ka_0^{5/2}\Delta T}{5\sqrt{Vk}} = \frac{4\sqrt{\pi k}}{5\sqrt{Va_0}} = \frac{4\sqrt{\pi}}{5}Pe^{-1/2} \tag{3.63}$$

式(3.63)对应图 3.6 中的点线部分。与上一章所预测的结论相同,在高的 Peclet 数下,采用解析法计算得到的总导热量要小于实际的总导热量,理论计算结果约为更符合实际情况的仿真结果的 1/3。这是由于上一章中在对单对微凸体接触过程中的瞬态导热情况进行分析时,忽略了接触面积的运动,只考虑了接触面积的大小随着接触进行的变化情况。而实际接触面积随着单对微凸体的接触发生移动时,会有新的未被加热的面积参与到接触中来,从而增大导热量。

当 Peclet 数非常小时,任意时刻下的温度场都近似于稳定导热状态。此时的导热量

可以近似表示为

$$\frac{dQ}{dt} \approx 2Ka(t)\Delta T \tag{3.64}$$

或者采用电－机械类比的方法,用热导率代替 Barber 给出的热导表达式 $C = 2P/\rho^* E^* d$ 中的热导值 C,同样可以得到上述表达式。

将 $a(t)$ 代入上式并且在时间段 $-t_0 < t < t_0$ 上进行积分,可以得到低 Peclet 数下的总导热量近似为

$$Q \approx \int_{-t_0}^{t_0} 2Ka(t)\Delta T dt$$

$$= 2K\Delta T \int_{-t_0}^{t_0} \sqrt{Rd_0 \left(1 - \frac{t^2}{t_0^2}\right)} dt = 2\sqrt{2}K\Delta Ta_0 t_0 \int_{-1}^{1} \sqrt{1 - \eta^2} d\eta$$

$$= \frac{2\sqrt{2}\pi Ka_0^2 \Delta T}{V} = \frac{2\sqrt{2}\pi Ka_0^3 \Delta T}{k} \frac{k}{Va_0} = \rho ca_0^3 \Delta T \frac{2\sqrt{2}\pi}{Pe} \tag{3.65}$$

由此可以得到无量纲总导热量为

$$\tilde{Q} \approx \frac{Q}{\rho ca_0^3 \Delta T} = \frac{2\sqrt{2}\pi}{Pe} \tag{3.66}$$

式(3.66)对应图 3.6 中的虚线部分,为总热交换量提供了下界线,并且在 $Pe \to 0$ 的极限情况下是准确的。但是从图 3.6 中也可以看出,有限元仿真计算得到的数值结果与式(3.68)之间存在轻微的偏差,可能是由仿真模型的区域不可能无限大而造成的。

3.3.3.2　无量纲闪点温度

图 3.7 显示了无量纲闪点温度 $\tilde{T}_{max} = KT_{max}/(\mu k p_0)$ 为 Peclet 数的函数。

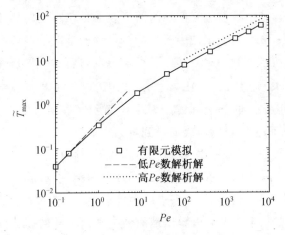

图 3.7　无量纲闪点温度

对 3.2 节中的式(3.28)进行变换可以得到在两个完全相同的粗糙表面上,单对微凸体在滑动接触过程中由于摩擦生热产生的闪点温度为

$$T_{max} = \frac{0.79\mu V^{1/2} E^* d_0^{3/4}}{CR^{1/4}} \tag{3.67}$$

因此可以得到高 Peclet 数下的无量纲闪点温度为

$$\widetilde{T}_{\max} = \frac{K}{\mu k p_0} \cdot \frac{0.79 \mu V^{1/2} E^* d_0^{3/4}}{CR^{1/4}} = \frac{0.79 \cdot 2^{1/4} \pi}{2\sqrt{2}} \cdot \sqrt{\frac{V a_0}{k}} \approx 1.04 Pe^{1/2} \quad (3.68)$$

式(3.68)对应图 3.7 中的点线部分。从图中可以看出,解析方法得到的理论值比实际的闪点温度偏高,这是由于理论分析中采用的是简化的运动模型,使得被加热区域的中心在微凸体相互作用过程中始终是同一个点。Peclet 数较小时,假设导热近似达到稳定状态。在稳定态、一维导热的情况下,球体的傅里叶导热定律为

$$q_r = -4\pi r^2 K \frac{dT}{dr} \quad (3.69)$$

集中热源 q_r 在半无限大表面产生的温度为

$$T(r) = \frac{q_r}{4\pi K r} \quad (3.70)$$

由此可知,稳态下整个圆形表面上的轴对称热源 q_r,在圆心处产生的最大温度为

$$T_{\max} = 2\pi \int_0^{a_0} \frac{q_r}{4\pi K} dr = \frac{1}{2K} \int_0^{a_0} \mu p(r) V dr = \frac{\pi \mu V p_0 a_0}{8K} \quad (3.71)$$

因此,稳态导热下的无量纲闪点温度可以表示为

$$\widetilde{T}_{\max} \approx \frac{\pi Pe}{8} \quad (3.72)$$

式(3.72)对应图 3.7 中的虚线部分。

3.3.4　Smith 和 Arnell 的结果分析

Archard 等绝大多数学者对具有相对滑动的导热问题的研究都是假设其中一个表面运动,另一个表面固定,该假设使相互接触的两个表面处于不同的热传导状态,与实际情况不相符。Smith 和 Arnell 研究了两个表面同时运动的情况下,单对微凸体的相互接触作用对表面闪点温度所产生的影响。其指出影响闪点温度的边界条件包括六个参数,分别为:$K, K/\sqrt{k}, \mu H, R, d_1, V$。Smith 和 Arnell 用材料的硬度 H 来表示接触压强,用两个相对滑动的半径均为 a_0 的圆之间的瞬时横截面积来表示接触面积。他们通过采用 DoE 技术得到响应表面,使通过响应表面得到的闪点温度与他们的有限元仿真结果相一致。并且对于该响应表面,给出了 27 幅具有不同材料属性以及滑动速度的等温图,但是并没有对数据结果进行深入的分析。前人大量的结论表明参数 Pe 对闪点温度有着极其重要的影响,但是也都未给出具体的关系式。通过本章 3.3.1 节的分析可知,只要热扰动充分地本地化以保证热接触模型可以看作是两个半平面之间的接触模型,便可以通过采用恰当的无量纲分析方法得到更为一般的结果。为此,仅仅需要用 Smith 和 Arnell 文章中的材料硬度 H 代替 3.3.1 节中的最大接触压强 p_0,并且与式(3.28)相类似,可以将无量纲温度重新定义为

$$T^* = \frac{KT}{\mu k H} \quad (3.73)$$

　　为了对上述假设进行验证,从 Smith 和 Arnell 的等温图中读取 65 个点(各点所对应的参数见附录 2),以 Pe 和 T_{max}^* 分别为横、纵坐标画图,如图 3.8 所示。很明显,在数值精度范围内绝大多数点落在一条直线上。

　　当 Peclet 数非常小时,对应的极限情况下的解的形式有别于式(3.72),因为 Smith 和 Arnell 的文章中的接触压强以及由此产生的摩擦热量在任意瞬时的接触面积上是均匀分布的。用材料的硬度 H 代替式(3.71)中的压强 $p(r)$,此时的最大温度为

$$T_{max} = \frac{\mu H V a_0}{2K} \qquad (3.74)$$

因此,Smith 和 Arnell 的等温图中,在小 Peclet 数下的最大无量纲温度可以表示为

$$T_{max}^* \approx \frac{Pe}{2} \; ; \; Pe \ll 1 \qquad (3.75)$$

　　式(3.75)中的无量纲温度与 Peclet 之间的关系由图 3.8 中的实线所示。在小 Peclet 数下,式(3.75)中的最大温度值略小于有限元仿真结果,最为可能的原因是由于有限元仿真所使用的模型的尺寸是有限的。当 $Pe \gg 1$ 时,图 3.8 中的点几乎落在斜率为 1/2 的线上,此时的无量纲闪点温度 T_{max}^* 与 $Pe^{1/2}$ 成正比,如图 3.7 所示。

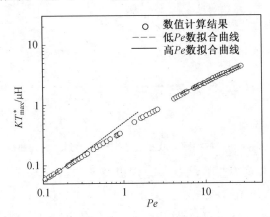

图 3.8　Smith 和 Arnell 文章中的闪点温度的无量纲形式与 Pe 的关系图

3.3.5　讨论

　　粗糙表面在滑动过程中,微凸体之间的相互作用是随机分布的,因此通过对微观微凸体之间的瞬态导热分析可以预测的宏观问题包括:由于接触的两个物体之间的初始体积温差所产生的总热流量,以及闪点温度的统计特征,例如可以对平均闪点温度或者闪点温度的标准偏差进行预测。第 2 章以及本章 3.2 节已经对上述问题进行了分析。为了对仿真结果进行合理的分析,需要找到合适的特征参数来表示数值计算结果,由上文的无量纲分析可知,两个微凸体间的热交换量总和以及闪点温度可以用一个无量纲参数,即微凸体的 Peclet 数来表示。

　　事实上,通过对图 3.6 和图 3.7 所示的最大和最小的 Peclet 数进行差值计算可以得

到更好的拟合曲线。参考 Tian 和 Kennedy 给出的热源在半无限大体上移动时所产生的最大温度的公式形式,可以得到在所有 Peclet 数范围内,由于温差引起的两个微凸体间的无量纲热交换量总和,以及由于摩擦生热产生的无量纲闪点温度的表达式分别为

$$\tilde{Q} = \frac{2\pi\sqrt{2 + 0.9Pe}}{Pe} \tag{3.76a}$$

$$\tilde{T}_{\max} = \frac{\pi Pe}{8\sqrt{1 + 0.25Pe}} \tag{3.76b}$$

图 3.9 中的圆圈和方形分别对应由具有最密网格的有限元模型仿真计算得到的无量纲总热交换量以及无量纲闪点温度值,实线为通过式(3.76)确定的拟合结果。从图中可以看出,实线具有很好的拟合性。

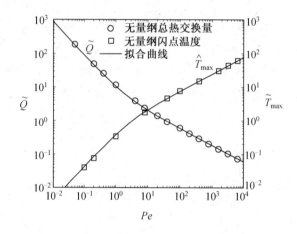

图 3.9　根据图 3.6 和图 3.7 结果得到的拟合曲线

在假设两个微凸体间发生弹性接触作用以及已知粗糙表面的统计分布信息的前提下,图 3.9 以及式(3.76)给出的结果可以用于第 2 章中理论分析中,从而对滑动粗糙表面间的换热系数进行评估。同时可以获得闪点温度的统计特征(例如平均闪点温度和闪点温度的标准偏差)。无量纲总换热量和无量纲闪点温度都仅仅取决于无量纲参数和 Peclet 数,因此本节的结论具有非常广的通用性。同时,图 3.8 显示了微凸体间的塑性接触作用对于无量纲 Peclet 数具有相类似的依赖关系。

3.3.6　单位名义接触面积上微凸体导热分析

将式(3.76a)乘以 $\rho c a_0^3 \Delta T$,由体积温差 ΔT 引起的两个微凸体间的导热量可以表示为

$$Q(a_0) = \frac{2\pi a_0 2K\Delta T\sqrt{2 + 0.9Va_0/K}}{V} \tag{3.77}$$

其中,a_0 为最大接触半径。

根据 Hertz 接触理论,最大接触半径为

$$a_0 = \sqrt{R^* d_0} \tag{3.78}$$

式中，R^* 为物体 1 和物体 2 的粗糙接触面上相互作用的两个微凸体峰顶的复合半径，$R^* = R_1 R_2 / (R_1 + R_2)$。

基于上文中的理论分析方法，采用统计方法对单对微凸体间的导热量进行积分，得到单位滑动距离下、单位名义接触面积上的总导热量为

$$Q_c = 2N_1 N_2 \int_{-\infty}^{\infty} \int_{h_0-h_2}^{\infty} \int_0^{b_0} \phi_1(h_1) \phi_2(h_2) Q(a_0) \, db dh_1 dh_2 \tag{3.79}$$

其中，N_i 为平面 i 上单位面积上的微凸体峰顶个数；$\phi_i(h_i)$ 为微凸体峰顶高度的概率密度函数。

将式(3.77)代入式(3.79)，得到

$$Q_c = \left(\frac{4\sqrt{2\pi} N_1 N_2 R_1 R_2 \eta^{3/2} K\Delta T}{\sqrt{R_1 + R_2}} \right) J_c(\widetilde{V}, \widetilde{h}_0) \tag{3.80}$$

其中

$$J_c(\widetilde{V}, \widetilde{h}_0) = \int_{\widetilde{h}_0}^{\infty} \int_0^1 e^{-\xi} (\xi - \widetilde{h}_0)^{3/2} (1 - x^2) \sqrt{2 + 0.9\widetilde{V}\sqrt{\xi - \widetilde{h}_0} \sqrt{1 - x^2}} \, dx d\xi \tag{3.81a}$$

$$\eta = \sqrt{2(\sigma_1^2 + \sigma_2^2)} \tag{3.81b}$$

$$\widetilde{V} = \frac{V\sqrt{\eta R^*}}{k} \tag{3.81c}$$

式(3.81)中的无量纲速度 $\widetilde{V}$ 即为微凸体接触时的 Pe 数。

由此可知，无量纲总导热量取决于两个无量纲参数 $\widetilde{V}$ 和 $\widetilde{h}_0$，而 $\widetilde{h}_0$ 取决于 I_f。

图 3.10 显示了无量纲滑动速度 $\widetilde{V}$ 趋于两个极限情况时 J_c 与 I_f 的关系。由图 3.10(b)可知，当 $\widetilde{V} \gg 1$ 时，J_c 与 $\widetilde{V}^{-1/2}$ 呈正比例关系，该比例关系与理论模型中所定义的关系式相一致。同时，两个极限情况下 J_c 与 I_f 间的曲线拟合公式可以表示为

$$J_c(\widetilde{V}, I_f) \rightarrow F_1(I_f) 0.987\,7\,(I_f)^{0.908\,1}; \widetilde{V} \ll 1 \tag{3.82}$$

$$\widetilde{V}^{-1/2} J_c(\widetilde{V}, I_f) \rightarrow F_2(I_f) = 0.598\,2\,(I_f)^{0.932\,3}; \widetilde{V} \gg 1 \tag{3.83}$$

无量纲滑动速度 $\widetilde{V}$ 取中间值时，J_c 的拟合公式为

$$J_c(\widetilde{V}, I_f) = \left(\frac{F_1(I_f) + 0.903\,5\widetilde{V}F_2(I_f)}{1 + \widetilde{V}} \right) \sqrt{1 + 1.082\widetilde{V}} \tag{3.84}$$

类似地，将式(3.76b)乘以 $K/(\mu k p_0)$，单对微凸体接触的最大闪点温度为

$$T(a_0) = \frac{\pi a_0 \mu p_0 V}{8K\sqrt{1 + 0.25Va_0/k}} \tag{3.85}$$

其中，$p_0 = 2E^* a_0 / (\pi R^*)$。

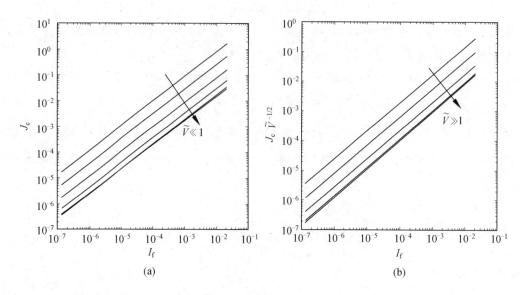

(a)　　　　　　　　　　　　　　(b)

图 3.10　$\widetilde{V}$ 趋于两个极限时 J_c 与 I_f 的关系

注:(a)为不同 $\widetilde{V}$ 下,J_c 随 I_f 的变化趋势。箭头指向表示 $\widetilde{V}$ 不断减小,当 $\widetilde{V} \ll 1$ 时,J_c 与 I_f 所形成的曲线聚集于一条曲线;图 3.10(b)中,与图(a)类似,$\widetilde{V} \gg 1$ 时,$J_c \widetilde{V}^{-1/2}$ 与 I_f 所形成的曲线也聚集于一条曲线。

根据上文的积分方法,平均闪点温度可以表示为

$$\overline{T}_0 = \frac{1}{N(h_0)} \int_{-\infty}^{\infty} \int_{h_0-h_2}^{\infty} \int_0^{b_0} \phi_1(h_1)\, \phi_2(h_2)\, T_0(a)\, \mathrm{d}b \mathrm{d}h_1 \mathrm{d}h_2 \tag{3.86}$$

其中

$$N(h_0) = \int_{-\infty}^{\infty} \int_{h_0-h_2}^{\infty} \int_0^{b_0} \phi_1(h_1)\, \phi_2(h_2)\, \mathrm{d}b \mathrm{d}h_1 \mathrm{d}h_2 \tag{3.87}$$

积分得到

$$\overline{T}_0 = \left(\frac{\mu k E^*}{4K} \sqrt{\frac{\eta}{R^*}} \right) G_T(\widetilde{V}, \widetilde{h}_0) \tag{3.88}$$

其中

$$G_T(\widetilde{V}, \widetilde{h}_0) = \frac{\widetilde{V}}{I(\hat{h}_0, 1/2)} \int_{\widetilde{h}_0}^{\infty} \mathrm{e}^{-\xi^2} \, (\xi - \widetilde{h}_0)^{3/2} \int_0^1 \frac{1-x^2}{\sqrt{1 + \frac{\sqrt{2}\widetilde{V}}{8} \sqrt{\xi - \widetilde{h}_0} \sqrt{1-x^2}}} \mathrm{d}x \mathrm{d}\xi$$

$$I_f(\widetilde{h}_0, 1/2) = \int_0^{\infty} \mathrm{e}^{-(y+\widetilde{h}_0)^2} y^{1/2} \mathrm{d}y \tag{3.89}$$

图 3.11 显示了无量纲滑动速度 $\widetilde{V}$ 趋于两个极限情况时 G_T 与 I_f 的关系。从图中可以看出,当 $\widetilde{V} \ll 1$ 时,G_T 与 $\widetilde{V}$ 成正比;当 $\widetilde{V} \gg 1$ 时,G_T 与 $\widetilde{V}$ 成正比。两个极限情况下 G_T 与 I_f 间的曲线拟合公式可以表示为

$$\frac{G_T(\tilde{V}, I_f)}{\tilde{V}} \rightarrow W_1(I_f) \; ; \tilde{V} \ll 1 \tag{3.90a}$$

$$\frac{G_T(\tilde{V}, I_f)}{\sqrt{\tilde{V}}} \rightarrow W_2(I_f) \; ; \tilde{V} \gg 1 \tag{3.90b}$$

其中

$$\chi = \lg I_f \; ; \; w_i(\chi) = \lg W_i(I_f) \; ; \; i = 1, 2 \tag{3.91}$$

$$w_1(\chi) = \frac{0.011\,\chi^2 - 1.052\chi + 0.696}{\chi - 3.068} \tag{3.92}$$

$$w_2(\chi) = \frac{0.008\,3\,\chi^2 - 0.523\chi - 0.317}{\chi - 3.004} \tag{3.93}$$

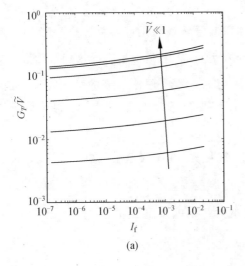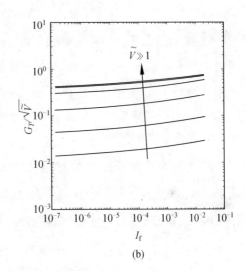

图 3.11　$\tilde{V}$ 趋于两个极限时 G_T 与 I_f 的关系

注：(a)为不同 $\tilde{V}$ 下，G_T 随 I_f 的变化趋势。箭头指向表示 $\tilde{V}$ 不断减小，当 $\tilde{V} \ll 1$ 时，$G_T/\tilde{V}$ 与 I_f 所形成的曲线聚集于一条曲线；图(b)中，与图(a)类似，$\tilde{V} \gg 1$ 时，$G_T/\sqrt{\tilde{V}}$ 与 I_f 所形成的曲线也聚集于一条曲线。

无量纲滑动速度 $\tilde{V}$ 取中间值时，G_T 的拟合公式为

$$G_T(\tilde{V}, I_f) = \left(\frac{W_1(I_f) + 0.359\tilde{V}W_2(I_f)}{1 + \tilde{V}} \right) \frac{\tilde{V}}{\sqrt{1 + 0.267\tilde{V}}} \tag{3.94}$$

3.4　本章小结

本章首先对滑动粗糙接触面上的接触压强的统计特征进行了初步分析，得到了无量

纲总接触压力的功率密度函数与无量纲频率之间的关系；其次对单对微凸体在瞬时接触过程中产生的闪点温度进行了计算，并得到了表面闪点温度的统计分布规律；最后采用数值方法对单对微凸体瞬态作用过程中的导热问题进行了仿真分析，弥补了上一章的解析解法中假设接触面积不随着微凸体发生移动而导致的误差。主要结论如下：

（1）对于任意的无量纲参考平面间距 $\tilde{h}_0$，无量纲总接触压力的功率谱密度 $\tilde{S}(\tilde{\omega})$ 与 $\tilde{\omega}$ 呈幂律关系，幂指数均约等于 -5。

（2）单对微凸体接触过程中的闪点温度出现在接触面的中心位置，并且闪点温度随着接触时间的增大而升高，在总接触时间的 82.5% 的时刻，闪点温度达到最大值，之后随着接触时间的增大，闪点温度逐渐减小；粗糙接触面上的平均闪点温度 $\overline{T}_0$ 随着平均名义接触压强 p_{nom} 的增大呈现增长趋势，但是变化范围非常的微小，p_{nom} 增大四个数量级时 $\overline{T}_0$ 仅仅升高了 50%，与 GW 模型中的结论相一致。

（3）单对微凸体在相互接触过程中，由于体积温差导致的无量纲总导热量 $\tilde{Q}$ 在高速时与 $Pe^{-1/2}$ 成正比，即 $\tilde{Q}=4\sqrt{\pi}Pe^{-1/2}/5$；当 Peclet 数非常小（近似稳态导热）时，无量纲总导热量 $\tilde{Q}$ 与 Pe^{-1} 成正比，即 $\tilde{Q}\approx 2\sqrt{2}\pi Pe^{-1}$。与上一章中理论预测的结论相同，在高 Peclet 数下，采用解析法计算得到的总导热量小于实际的总导热量，理论计算结果为更符合实际情况的仿真结果的 1/3。

（4）单对微凸体接触滑动接触过程中由于摩擦生热产生的无量纲闪点温度 $\tilde{T}_{max}$ 仅仅是 Peclet 数的函数，高 Peclet 数下的无量纲闪点温度 $\tilde{T}_{max}$ 与 $Pe^{1/2}$ 成正比，即 $\tilde{T}_{max}\approx 1.04Pe^{1/2}$；Peclet 数非常小（近似稳态导热）时的无量纲闪点温度 $\tilde{T}_{max}$ 与 Pe 成正比，即 $\tilde{T}_{max}\approx \pi Pe/8$；解析方法得到的理论闪点温度值高于仿真结果。此外，Smith 和 Arnell 文章中的闪点温度与 Peclet 数之间也有类似的关系。

第4章 相对运动对宏观导热的影响

固体界面间的接触热传导问题与人类生活息息相关,其影响存在于交通运输、工农业生产等各个方面。比如,现代人普遍使用的笔记本电脑,其芯片散热的好坏直接影响到电脑的稳定性和运行速度;再比如汽车发动机活塞中有很大一部分热量通过活塞环与缸套之间的滑动接触而传递出去。因此,接触界面间的热传导率对零部件的可靠性和使用寿命具有非常重要的影响。

前人已经在静态接触热传导方面开展了大量的工作,但是对于滑动接触过程中的热传导问题少有研究。日常生活中的很多机器都包含往复运动的摩擦副,比如汽车发动机中的活塞与气缸,在往复运动的过程中伴随有温度的变化和能量的传递。在上述情况下,需要考虑接触热阻对导热的影响。通过第3章的理论研究,已经对滑动过程中的接触热阻进行了预测,本章将通过第3章中对接触热阻的定义,着重对往复运动形式对滑动粗糙表面间由于体积温差导致的热交换量所产生的影响进行研究。首先对静态下已有的典型接触热阻模型进行阐述;其次对滑动粗糙表面间的宏观导热情况进行无量纲分析,确定影响无量纲导热量的无量纲参数;最后在理论分析结果的基础上,对 ABAQUS 有限元软件进行二次开发,将滑动粗糙表面间的接触热阻定义为滑动速度、接触压强以及表面粗糙度的函数,从而对无量纲参数对滑动过程中稳态平均热流密度的影响进行仿真分析。

4.1　接触热阻的理论分析

4.1.1　接触热阻的产生机理

由于实际的表面都不是绝对光滑的,微凸体的存在将导致实际的接触仅仅发生在一些离散的接触点(或者面)上,从而使得实际接触面积远远小于名义接触面积。其余没有接触的部分是真空或者是填充介质。由于间隙介质的热导率远小于固体的热导率,因此热量经过接触界面发生收缩,形成接触换热的阻力,即接触热阻(Thermal Contact Resistance,简称 TCR)。其倒数形式为接触热导(Thermal Contact Conductance,简称 TCC),定义为热流密度与固体接触界面的温差之比,表示为

$$h_c = \frac{q_c}{\Delta T} \tag{4.1}$$

从经典传热学的角度来看,热量从高温物体向低温物体传递时,主要的传递方式有:
(1)通过固体表面微凸体接触点之间的热传导,一般传递绝大部分的导热量(见图4.1)。

（2）通过间隙传递热量，由于间隙介质的热导率远小于固体的热导率，并且间隙的纵向高度比横向尺寸要小很多，因此一般可忽略不计。

（3）热辐射散热，一般情况下可忽略不计。但是在极高温的情况下，辐射换热需加以考虑。

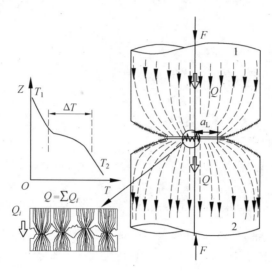

图 4.1　实际固体表面的接触换热示意图

4.1.2　接触热阻的影响因素

影响接触热阻的因素有很多，且多为非线性，主要有接触面载荷、表面几何形貌、材料特性参数和界面接触情况等。

（1）接触面载荷。当接触界面受到外界作用力时，接触面受压发生形变，使得之前未接触的部分表面相互接触，从而增大了实际的接触面积，导致接触面间的间隙变小，从而减小了接触热阻。接触面上的载荷越大，接触热阻越小。

（2）表面几何形貌。包括表面粗糙度、表面坡度、微凸体的形状、尺寸大小以及分布密度。其中，表面粗糙度的大小对接触热阻的影响很大，接触热阻随着粗糙度的增大而增大。粗糙度越大，表面形貌越不规则，接触界面间的空隙越大，热流在接触界面间的收缩越严重，从而使得接触界面间的温差越大，最终导致接触热阻越大。

（3）材料特性。影响接触热阻的材料特性参数主要有弹性模量、硬度、热导率、比热容、密度等。

（4）界面接触情况。接触表面有无相对滑动、接触表面有无其他介质等。

4.1.3　接触热阻模型概述

根据接触表面形貌的描述方法和形变模型（弹性模型、弹塑性模型和塑性模型）的不同，计算热阻的方法有很多。

4.1.3.1 单点接触热阻模型

单点接触热阻模型大多将接触点简化为圆台或者圆盘,Willimams 给出了圆台的接触热阻的计算公式,指出接触热阻随半收敛角的增大而减小。接触热阻的表达式为

$$R_c = \frac{1}{4a'} f(a'/b') \left[\frac{u(\theta_1)}{\lambda_1 \omega_1 (a'/b')} + \frac{u(\theta_2)}{\lambda_2 \omega_2 (a'/b')} \right] \tag{4.2}$$

$$f(a'/b') \approx (1 - a'/b')^{\frac{3}{2}} \tag{4.3}$$

$$\omega_i(a'/b') = \sqrt{1 + \frac{G_1}{a'/b'}} \tag{4.4}$$

$$u(\theta_i) = 1 + 8.896\,96 \times 10^{-3} \theta_i - 1.790\,48 \times 10^{-4} \theta_i^2 + 5.827\,97 \times 10^{-6} \theta_i^3 \tag{4.5}$$

其中,λ_i 为构件 1 或者构件 2 的热导率,$i = 1,2$;a' 为接触区域的半径;b' 为圆台模型的半径;θ_i 为弧度;$f(a'/b')$ 为热阻减小系数;R 为接触热阻。

当结合面间隙中的介质为空气,且两构件为钢或者铸铁时,$G_1 = 0.02$。

Cooper 等建立的圆盘的接触热阻模型,即 CMY 模型,为后来对接触热阻的研究奠定了基础。接触热阻的表达式为

$$R_c = \frac{1}{4a'\lambda_s} f(a'/b') \tag{4.6}$$

$$f(a'/b') \approx (1 - a'/b')^{\frac{3}{2}} \tag{4.7}$$

$$1/\lambda_s = 1/\lambda_1 + 1/\lambda_2 \tag{4.8}$$

4.1.3.2 多点接触热阻模型

任何工作表面都是粗糙的,实际的接触情况不可能是简单的单点接触,而是接触情况更为复杂的多点接触。理论上计算粗糙表面的接触热阻时,一般先求出给定压力下的实际接触点数以及接触点的平均热流通道半径,再用单点接触热阻公式求得该压力下的总接触热阻。由于热流通道之间是并联的关系,因此总接触热阻等于各单点热阻的并联值,即有

$$\frac{1}{R_c} = \sum_{i=1}^{N} \frac{1}{R_{ci}} \tag{4.9}$$

其中,N 为接触点个数。

将式(4.6)代入上式可得

$$R_c = \sum_{i=1}^{N} \frac{f(a'/b')}{4a'_i \lambda_s} \tag{4.10}$$

其中,a'_i 为接触点的半径。

20 世纪 60 年代以来,大量学者从理论、数值分析和实验三个方面对接触热阻进行了深入的研究。Whitehouse 和 Archard 提出了弹性表面的接触热阻模型,即 W-A 模型。Bush 建立了基于各向同性弹性变形表面的接触模型。Yovanovich 等扩展了 CMY 模型,对涂层表面的接触热阻进行了建模;随后又在接触面上的微凸体高度服从高斯分布以及

接触面积随机分布的前提下,提出了 CMY 塑性接触热阻模型。Leung 等将接触面上的微凸体与统计热力学中的粒子相类比,从统计力学的角度对接触热阻进行了研究。Bahrami 等分析了在真空条件下,微接触面积下的基底的弹性变形对接触热阻的影响。Le Meur 等采用最小二乘法对接触热阻进行了数值计算,对热电不完全接触问题的接触参数进行了评估。Fiegerg 等采用瞬态温度测量方法,通过红外摄像仪对接触面附近的瞬态温度进行记录,反推出了接触热阻的表达式。

国内的徐瑞萍等人应用 Cantor 集分形理论对接触热阻进行了描述,考虑了真实接触面的多尺度特性和法向载荷作用下的变形对接触热阻的影响。赵剑峰等人分别采用四种接触峰的评定标准,对实际机械加工表面的接触热阻进行了计算。研究结果表明,评定标准的选取直接影响接触热阻的计算结果,在同一接触峰评定标准下,两块平均粗糙度值相差较大的表面,其接触热阻计算值的离散区域有可能重叠;并指出在计算接触热阻时,需要通过测量尽可能多的粗糙度曲线来获得更为准确的表面形貌信息。龚钊和杨春信对机械加工表面的粗糙度曲线形貌参数的统计特征进行了分析,基于单点接触热阻理论模型和弹性形变理论,指出了总接触热阻与接触压力呈指数关系,并且粗糙峰的个数是影响接触热导的因素。Zhao 等人对统计学的弹塑性表面接触的机理进行了分析,在此基础上研究了涂覆金刚石膜的涂层对接触热阻的影响。Jiang 等人在经典的传热理论和粗糙表面分形描述的基础上,建立了表面在弹性和完全塑性变形下的接触热阻的预测模型。由于真实的接触面积仅仅为实际接触面积的 0.1%,因此微观接触面积对接触热阻具有显著的影响。皇甫哲对接触热阻的产生机理进行了讨论,对影响接触热阻的滞后效应和接触面上的切应力等因素进行了实验研究和理论探讨,指出产生滞后效应的原因是材料的弹性蠕变,由于滞后量很小,在工程中可以忽略滞后效应的影响。

4.2　滑动粗糙表面间接触热导分析

根据牛顿冷却定律 $q_c = h_c \Delta T$,对于两个完全相同的接触表面,即具有相同的材料属性和表面粗糙参数,两滑动接触面间单位面积上的接触热导可以表示为

$$h_{c\_theo} \approx \frac{0.98KR^{1/4}}{\sqrt{k}\sigma_1^{3/4}E^*}p_{nom}\sqrt{V} \qquad (4.11)$$

$$h_c = \frac{4\sqrt{2\pi}N_1 N_2 R_1 R_2 K\eta^{3/2}}{\sqrt{R_1+R_2}}J_c(\tilde{V},\tilde{h}_0) \qquad (4.12)$$

其中,式(4.11)为理论滑动导热模型中的接触热导;式(4.12)为数值仿真模型中的接触热导。

由式(4.11)可知,表面粗糙参数、材料特性、名义接触压强以及滑动速度对接触热导有重要影响。接触热导不仅与名义接触压强近似呈线性关系,而且与速度的平方根成正比,与微凸体峰顶高度的标准偏差的 3/4 次方成反比。对于具有确定表面粗糙度和材料

参数的滑动接触表面,接触热导仅为滑动速度 V 和名义接触压强 p_{nom} 的函数,而 p_{nom} 取决于 $I_f(\hat{h}_0)$,即滑动接触面的参考平面间的距离 h_0 决定了 p_{nom} 的大小。

对于完全相同的两个滑动接触表面,结合式(4.12)可以化简为

$$h_c = \begin{cases} AF_1(I_f)\tilde{V} \ll 1 & (4.13a) \\ \dfrac{A\left[F_1(I_f)+0.903\,5\tilde{V}F_2(I_f)\right]}{1+\tilde{V}}(1+1.082\tilde{V}) & (4.13b) \\ & (4.13c) \\ AF_2(I_f)(\tilde{V})^{\frac{1}{2}}\tilde{V} \gg 1 \end{cases}$$

其中

$$A = 2^{7/2}\sqrt{\pi}\,N^2 R^{3/2}\sigma^{3/2}K \tag{4.14a}$$

$$F_1(I_f) = 0.987\,7(I_f)^{0.908\,1} \tag{4.14b}$$

$$F_2(I_f) = 0.598\,2(I_f)^{0.932\,3} \tag{4.14c}$$

式(4.13)给出了不同滑动速度下的接触热导计算公式。对于具有确定表面粗糙度和材料参数的滑动接触表面,当相对滑动速度很低($\tilde{V} \ll 1$)时,接触热导值只与接触压强有关,且与接触压强近似呈线性关系;当高速滑动($\tilde{V} \gg 1$)时,与理论模型中的接触热导类似,接触热导与滑动速度的平方根成正比;当处于中速滑动时,接触热导取决于 $I_f(\tilde{h}_0)$ 和滑动速度 $\tilde{V}$。

4.2.1　接触热导比较验证

4.2.1.1　接触热导模型主要参数确定

Nayak 提出任意各向同性,并且服从高斯分布的随机表面都可以用三个功率谱密度矩来描述,分别为 m_0、m_2 和 m_4。这些谱密度矩可以通过表面轮廓方程 $z(x)$ 来定义,即有

$$m_0 = \langle z(x)\rangle^2\,;\ m_2 = \langle z'(x)\rangle^2\,;\ m_4 = \langle z''(x)\rangle^2 \tag{4.15}$$

其中,$z(x)$ 表示轮廓表面相对于距离为 x 处的任意参考平面的高度偏差,可以通过表面轮廓测量仪或者原子力显微镜(AFM)来提取。零阶谱矩 m_0 表示轮廓的高度分布,m_0 的平方根等于表面的 RMS 粗糙度;二阶谱矩 m_2 表示轮廓的斜率分布,等于斜率的均方差;而 m_4 表示轮廓的曲率分布,等于曲率的均方差。

接触热导模型参数 N_i 和 R_i 可以通过表面轮廓的谱矩获得,即

$$N_i = \frac{1}{6\pi\sqrt{3}}\frac{(m_4)_i}{(m_2)_i}\,;\ R_i = \frac{3}{8}\sqrt{\frac{\pi}{(m_4)_i}} \tag{4.16}$$

Bush 等人给出的微凸体峰顶高度的标准偏差 σ_i 和 RMS 粗糙度 σ'_i 的表达式分别为

$$\sigma_i = \left(1-\frac{0.896\,8}{\alpha_i}\right)^{1/2}\sqrt{(m_0)_i} \tag{4.17a}$$

$$\sigma'_i = \sqrt{(m_0)_i} \qquad (4.17b)$$

其中

$$\alpha_i = \frac{(m_0)_i \, (m_4)_i}{(m_2)_i^2} \qquad (4.18)$$

式中，α_i 为带宽参数，与表面功率谱密度的带宽相关联。

Longuef-Higgins 指出任意随机的、各向同性的表面对应于 $\alpha_i \geqslant 1.5$ 的带宽参数。$\alpha_i \geqslant 1.5$ 将使式(4.17a)中的峰顶高度偏差小于式(4.17b)中的 RMS 粗糙度，即 $\sigma_i < \sqrt{(m_0)_i}$。但是，随着 α_i 的增大，二者之间的差距将会迅速减小。

采用 McCool 文章中的材料参数和表面矩函数，结合式(4.17)和式(4.18)可以得到单个粗糙表面的微凸体峰顶半径 R、峰顶高度偏差 σ 和单位名义接触面积上的微凸峰个数 N，所有参数见表 4.1。

表 4.1　接触界面材料参数和表面粗糙度参数

材料参数	钢	表面粗糙度参数	
弹性模量/GPa	208	$m_0/\mu m^2$	0.062 5
泊松比	0.3	m_2	8×10^{-4}
密度/(kg·m^{-3})	7 800	$m_4/\mu m^{-2}$	1.04×10^{-4}
比热容/(J·kg^{-1}·K^{-1})	420	$\sigma/\mu m$	0.24
热导率/(W·m^{-1}·K^{-1})	42	$R/\mu m$	66
热膨胀系数/(10^{-6}K^{-1})	12	$N/\mu m^{-2}$	3.98×10^3
热扩散率/(m^2·s^{-1})	$1.282 \, 1 \times 10^{-5}$	$\sigma'/\mu m$	0.25

4.2.1.2　静态条件下接触热导比较

Mikic 给出了静止状态下，微凸体发生完全弹性变形条件下的表面接触模型，即

$$h_{c\_Mikic} = \frac{K_s}{4\sqrt{\pi}} \frac{m}{\sigma'} \frac{\exp(-\lambda^2/2)}{\left[1 - \sqrt{0.25\left(\operatorname{erfc}(\lambda/\sqrt{2})\right)}\right]^{\frac{3}{2}}} \qquad (4.19)$$

$$\frac{A_r}{A_a} = \frac{1}{4}\operatorname{erfc}\left(\frac{\lambda}{\sqrt{2}}\right) \qquad (4.20)$$

$$a = \frac{2}{\sqrt{\pi}} \frac{\sigma'}{m} \exp\left(\frac{\lambda^2}{2}\right) \operatorname{erfc}\left(\frac{\lambda}{\sqrt{2}}\right) \qquad (4.21)$$

$$\lambda = \sqrt{2} \ \operatorname{erfc}^{-1}\left(\frac{4p}{H_e}\right) \qquad (4.22)$$

其中，erfc 为余误差函数；A_r 为实际接触面积；A_a 为名义接触面积；a 为平均接触半径；p 为接触压强；K_s 为接触表面的复合热导率；σ' 为表面有效 RMS 粗糙度；m 为表面轮廓的有效平均绝对斜率。

$$K_s = 2K_1 K_2/(K_1 + K_2) \qquad (4.23)$$

$$\sigma' = \sqrt{\sigma_1'^2 + \sigma_2'^2} \tag{4.24}$$

$$m = \sqrt{m_1^2 + m_2^2} \tag{4.25}$$

m 可以根据 Lambert 和 Fletcher 给出的经验公式获得,即

$$m_i = 0.076 \, (10^6 \sigma')^{0.52i}_{(i=1,2)} \tag{4.26}$$

将表 4.1 中的参数分别代入式(2.56)、式(4.19)和式(4.22)~(4.26)可以确定 Mikic 模型的接触热导值。图 4.2 显示了接触压强在 0.01~1.0 MPa 范围内,Mikic 模型的接触热导值 h_{c_Mikic} 与由式(4.13a)计算得到的接触热导率值解 h_c 随接触压强的变化趋势,其中“+”表示 h_{c_Mikic} ,“×”表示 h_{c_law} 。从图 4.2 中可以看出,随着接触压强的增大,h_{c_Mikic} 逐渐大于 h_c ,二者之间的误差始终小于 10%,且与接触压强近似呈线性关系。

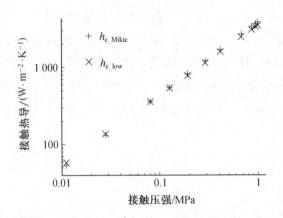

图 4.2　Mikic 模型接触热导值与本书模型接触热导值比较

4.2.1.3　高速滑动条件下接触热导比较

将表 4.1 中的参数代入式(4.11)和式(4.14c)分别计算得到高 Pe 数下接触热导的理论解与数值解,如图 4.3 所示,其中 h_{c_high} 表示由式(4.14c)确定的数值解,h_{c_theo} 表示由式(4.11)确定的理论解。不同接触压强下,数值模型的接触热导值均大于理论模型的接触热导值,前者为后者的 2~3 倍。此外,随着接触压强的增大,二者之间的差距逐渐减小。

微凸体在相互作用的过程中,实际接触面积大小随着接触时间不断发生变化,同时接触位置也随之发生移动,这样的运动形式使更多的表面参与到热交换过程中。理论模型中假设接触面积的大小随着接触时间的增大先增大后减小,而接触面积的中心位置保持不变。在该假设下,采用解析法计算得到的总导热量将小于实际的导热量,因此理论接触热导值小于数值接触热导值是合理的。

图 4.4 为接触压强为 0.1 MPa 时,高速滑动条件下接触热导的理论解、数值解以及 Mikic 模型的接触热导值随滑动速度的变化曲线。由图 4.4 可知,不同滑动速度下,数值模型的接触热导值均为理论模型接触热导值的 2.6 倍,因此可将 2.6 作为理论模型的修正系数。此外,与理论模型和数值模型的接触热导值相比,Mikic 模型的接触热导值始终

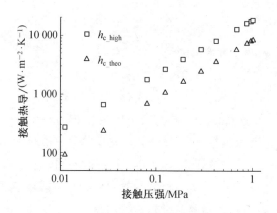

图 4.3　高 Pe 数下,接触热导理论解与数值解比较

为一条直线,无法反映接触热导随滑动速度的变化规律。在滑动速度由 50 m/s 增大到 150 m/s 的过程中,数值模型的接触热导值为 Mikic 模型的接触热导值的 3.5～6.2 倍。由此可知,现有的静态模型(如 Mikic 模型)对于预测高速滑动下的接触热导偏差很大,并且滑动速度越大,偏差越显著,不能用于对高速滑动状态下的接触热导进行预测。

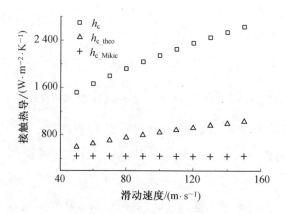

图 4.4　不同滑动速度下,接触热导的理论解、数值解
以及 Mikic 模型接触热导值比较

4.2.2　接触热导在宏观热传导分析中的应用

在对宏观粗糙表面间的导热问题进行数值分析时,通常情况下有限元网格难以准确地描述表面的粗糙度情况,即网格数量和细化程度都难以满足要求。而且数量庞大的网格有可能导致计算不收敛,或者计算时间被大大延长。现有的大多数理论是用一个假想的具有复合粗糙度的表面与一个光滑表面来代替实际的双粗糙接触表面,并且假设接触面积可以维持足够长的时间以保证稳态或者准稳态导热的建立。在这样的假设下,粗糙表面上的热源为固定热源,光滑表面上的热源是移动热源,对于摩擦学应用中的典型情况

（$Pe \geqslant 1$），摩擦产生的绝大部分热量将流入"移动的物体"，仅有非常少的热量流入静止的物体，除非移动的物体具有很低的热导率。此外，如果两个滑动粗糙表面间的 Pe 数较大，尤其是两个接触表面的粗糙度和硬度相差不多的情况下，典型的微凸体间的相互作用将是瞬态的，持续的时间极短，无法满足建立稳定导热状态的条件，基于稳态或者准稳态导热的分析方法将不再适用。基于式（4.13）中的接触热导表达式，可以通过在两个光滑表面间加入有效接触热导的有限元模型来反映真实双粗糙表面间的热传导过程，该有效接触热导包含了粗糙表面的所有微观信息，采用该方法可以极大地提高计算效率。

此外，本书的研究结果为准确计算摩擦副表面的热流分配系数提供了新的方法和思路。目前热流分配系数主要通过理论公式计算获得，一旦材料确定，热流分配系数也随之确定。实际上，热量在传递过程中涉及摩擦表面接触热阻及接触不充分等问题，并且由于摩擦副双方的导热性及几何形状不同，摩擦过程中热量的传递速度及散热性能也存在较大差异，这些均会对摩擦热流分配产生较大影响。根据热传导的本质特性可知，两个完全相同的表面上微凸体间的瞬态导热过程是对称的，摩擦生热量会均等地流入两个接触面。然而，工程实际中摩擦副间的尺寸和材料特性往往是不对称的，将会导致两个接触面间出现体积温差，并且使摩擦热流量不再均等分配。对于此类问题，在对摩擦热流分配系数进行求解时，采用叠加原理，将导热问题等效于对称的瞬态导热问题与由于体积温差产生的附加热流量的叠加。其中，附加的热流量取决于接触面间的有效接触热导值，而附加热流量又决定了最终的摩擦热流分配系数。

4.3　滑动粗糙表面间宏观导热问题的有限元分析

对于粗糙表面间的宏观导热问题的研究，可以通过将上文中的理论研究成果应用到有限元模型中来实现。首先，假设一个边长为 l_1 的物块在边长为 l_2 的物块上以速度 $V(t)$ 做往复滑动。上物块的初始体积温度为 T_1，下物块的初始体积温度为 T_2，且在相互作用过程中上物块上表面温度及下物块下表面的温度各自保持不变，分别为 T_1 和 T_2。两个物块各自的接触面均为粗糙表面，且不考虑摩擦生热，只研究由于体积温差 $T_0 = T_1 - T_2$ 所引起的导热问题，模型如图 4.5 所示。因此，两物块间接触面积的大小始终取决于上滑块边长 l_1 的大小，并且总导热量取决于两物块的材料属性、接触面的粗糙程度，以及上物块滑动的位移量 $S = \int_0^{t_0} V(t) \mathrm{d}t$。两物块接触面间的导热为非完全导热，假设两物块具有相同的粗糙表面，并且两接触面各自的热物性参数为常数，其间的瞬态导热过程取决于以下控制方程。

4.3.1　热传导方程

对于上物块 1（$0 < y < g_1$），有

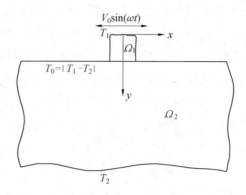

图 4.5　往复运动导热模型

$$\frac{\partial^2 T(y,t)}{\partial y^2} = \frac{1}{k_1} \frac{\partial T(y,t)}{\partial t} \; ; \; 0 < y < g_1 \; , \; t > 0 \tag{4.27}$$

$$-K_1 \frac{\partial T(y,t)}{\partial y} = h_c \big[T_1(g_2,t) - T_2(g_1,t) \big] \; ; \; y = g_1 \; , \; t > 0 \tag{4.28}$$

$$T(y,0) = T_1 \; ; \; 0 < y < g_1 \; , \; t = 0 \tag{4.29}$$

$$T(0,t) = T_1 \; ; \; y = 0 \; , \; t \geqslant 0 \tag{4.30}$$

对于下物块 2($g_1 < y < g_2$),有

$$\frac{\partial^2 T(y,t)}{\partial y^2} = \frac{1}{k_2} \frac{\partial T(y,t)}{\partial t} \; ; \; g_1 < y < g_2 \; , \; t > 0 \tag{4.31}$$

$$-K_2 \frac{\partial T(y,t)}{\partial t} = h_c \big[T_2(g_1,t) - T_1(g_2,t) \big] \; ; \; y = g_1 \; , \; t > 0 \tag{4.32}$$

$$T(y,0) = T_2 \; ; \; g_1 < y < g_2 \; , \; t = 0 \tag{4.33}$$

$$T(g_2,t) = T_2 \; ; \; y = g_2 \; , \; t \geqslant 0 \tag{4.34}$$

其中,接触面上的接触热导(热阻)可由上文中的式(4.13)确定。对于高 Pe 数下的滑动接触导热问题,通过对式(4.11)加以修正,可用于确定粗糙面间的接触热导。上文中的研究已经指出微凸体在相互作用过程中,有限元数值仿真的热传导量大于理论模型中的热传导量,前者约为后者的 3 倍,因此修正后的接触热导表示为

$$h'_c = \frac{2.94 K R^{1/4} \sqrt{V}}{\sqrt{k}\, \sigma^{3/4}} \frac{p_{nom}}{E^*} \tag{4.35}$$

4.3.2　量纲分析

根据上文中对单对微凸体瞬态导热情况的无量纲分析可知,决定两个滑块接触表面间的宏观导热问题的参数包括:相对滑动速度为 V、上物块的边长 l_1、物块的热扩散率 k、热导率 K、接触面上的摩擦系数 μ、初始体积温差 T_1(假设下物块的体积温度为 $T_2 = 0$)以及名义接触压强 p_{nom}。

将上物块的边长 l_1 作为长度单位,则空间的无量纲坐标形式为

$$\tilde{x} = \frac{x}{l_1}; \quad \tilde{y} = \frac{y}{l_1} \tag{4.36}$$

同理,时间的无量纲形式可以表示为

$$\tilde{t} = \frac{kt}{l_1^2} \tag{4.37}$$

采用上物块的体积温度 T_1 作为温度的单位,温度 T 和温度 ΔT 可以用无量形式表示为

$$\tilde{T} = \frac{T}{T_1} \tag{4.38a}$$

$$\Delta \tilde{T} = \frac{\Delta T}{T_1} \tag{4.38b}$$

如果上物块的滑动速度是正弦函数,即有 $V = V_0 \sin(\omega t)$,则该周期函数的无量纲形式可以表示为

$$\tilde{V} = \tilde{V}_0 \sin(\tilde{\omega} \tilde{t}) \tag{4.39}$$

其中,无量纲速度幅值为 $\tilde{V}_0 = V_0 l_1 / k = Pe$,无量纲频率为 $\tilde{\omega} = \omega l_1^2 / k$ 。

将式(4.36)~(4.38)代入式(4.11)得到导热方程的无量纲形式为

$$\frac{\partial^2 \tilde{T}}{\partial^2 \tilde{y}} = \frac{\partial \tilde{T}}{\partial \tilde{t}} \tag{4.40}$$

综上可知,式(4.40)的无量纲形式为

$$\frac{\partial \tilde{T}}{\partial \tilde{y}} \approx -\left(\tilde{V}_0 \sin(\tilde{\omega} \tilde{t})\right)^{1/2} \left(\frac{3.92 l_1^{1/2} R^{1/4}}{\sigma^{3/4}} \frac{p_{\mathrm{nom}}}{E^*}\right) \Delta \tilde{T} \tag{4.41}$$

上物块滑动的距离 $S = \int V(t)\,\mathrm{d}t = \int V_0 \sin(\omega t)\,\mathrm{d}t = -S_0 \cos(\omega t)$,其中 $S_0 = V_0 / \omega$ 是滑动位移的幅值。位移幅值与上物块长度的之比为

$$\eta = \frac{S_0}{l_1} = \frac{\tilde{V}_0}{\tilde{\omega}} \tag{4.42}$$

由式(4.42)可知,无量纲参数 η 等于无量纲速度幅值与无量纲频率之比,理论上可以取大于 0 的所有数值,区间 $[0,1]$ 表示滑动位移小于上物块的边长;$\eta > 1$,表示滑动位移大于上物块的边长。无量纲参数 η 的取值取决于物块间的相对运动情况以及上物块的几何形状,对接触表面间的热量传递具有重要的影响。当 η 为定值时,如果上物块往复运动的频率较大,则相应地,速度也需要具有较大的幅值;反之亦然。

因此,在不考虑摩擦生热的情况下,影响滑动粗糙表面间宏观导热的无量纲参数有三个,分别是

$$\eta = \frac{S_0}{l_1} = \frac{\tilde{V}_0}{\tilde{\omega}} \tag{4.43a}$$

$$\widetilde{\omega} = \frac{\omega l_1^2}{k} \qquad (4.43b)$$

$$\xi = \frac{3.92 a^{1/2} R^{1/4}}{\sigma^{3/4}} \frac{p_{\mathrm{nom}}}{E^*} \qquad (4.43c)$$

4.3.3 平均热流密度

对于以正弦形式运动的滑块，其往复运动的周期等于 $T_{\mathrm{period}} = 2\pi/\omega$，一个周期内总导热量等于

$$q_{\mathrm{c}} = \int_0^{l_1} \int_0^{2\pi/\omega} -K \frac{\partial T(x,t)}{\partial y} \mathrm{d}t \mathrm{d}x = -\frac{KT_1 l_1^2}{k} \int_0^{\widetilde{l}_1} \int_0^{2\pi/\widetilde{\omega}} \frac{\partial \widetilde{T}(x,t)}{\partial y} \mathrm{d}\widetilde{t} \mathrm{d}\widetilde{x} \qquad (4.44)$$

其中，$\widetilde{q}_{\mathrm{c}} = -\int_0^{\widetilde{l}_1} \int_0^{2\pi/\widetilde{\omega}} \frac{\partial \widetilde{T}(x,t)}{\partial \widetilde{y}} \mathrm{d}\widetilde{t} \mathrm{d}\widetilde{x}$ 为一个周期内无量纲总热流量。

由于不同的频率所对应的一个周期的长短是不一样的，为了能够更确切地反映运动对导热的影响，需要对单位时间内的平均热流密度进行比较。平均热流密度可以为

$$q_{\mathrm{ave}} = \frac{q_{\mathrm{c}}}{T_{\mathrm{period}}} = \frac{KT_1 l_1^2 \omega}{2\pi k} \widetilde{q}_{\mathrm{c}} = KT_1 \frac{\widetilde{q}_{\mathrm{c}} \widetilde{\omega}}{2\pi} \qquad (4.45)$$

由式(4.45)可知，无量纲平均热流密度为

$$\widetilde{q}_{\mathrm{ave}} = \frac{q_{\mathrm{ave}}}{KT_1} \qquad (4.46)$$

其中，q_{ave} 可以通过有限元软件求解。

4.3.4 有限元模型的热接触属性定义

标准的 ABAQUS 有限元分析程序中仅仅可以将热导定义为表面间隙或者接触压力的函数，并没有包含速度、材料属性以及表面粗糙参数等因素对热导的影响。因此，需要采用用户子程序接口生成非标准的分析程序来满足需求。

用户子程序的代码用 Fortran 语法编写，保存在一个以.for 为扩展名的文件中。提交的时候可以在 CAE 中进行，即在 Edit Job 菜单中的 General 子菜单的 User Subroutine File 对话框中选择用户子程序所在的文件即可。它的一般结构形式为：

SUBROUTINE S(x1,x2,…,xn)

INCLUDE 'ABA_PARAM. INC'（用于 ABAQUS/Standard 用户子程序中）

OR INCLUDE 'VABA_PARAM. INC'（用于 ABAQUS/Explicit 用户子程序中）

…

RETURN

END

x1,x2,…,xn 是用户子程序的接口参数。

本书对 ABAQUS 进行二次开发，调用子程序 GAPCON，通过编写代码将滑动表面

间的接触热导定义为接触压强、滑动速度以及材料特性和表面粗糙参数的函数。运行时提交的子程序如下：

```
      SUBROUTINE GAPCON(AK,D,FLOWM,TEMP,PREDEF,TIME,CINAME,
SLNAME,MSNAME,COORDS,NOEL,NODE,NPRED,KSTEP,KINC)
C
C     DETERMINES GAP CONDUCTANCE
C
      INCLUDE 'ABA_PARAM. INC'
C
      CHARACTER * 80 CINAME,SLNAME,MSNAME
C
      DIMENSION AK(5),D(2),FLOWM(2),TEMP(2),PREDEF(2, * ),TIME
(2), COORDS(3)
C     DEFINE VELOCITY
      PI=3. 14159
      PERIOD =Tperiod!  [Total time]
      OMEGA = 2. * PI / PERIOD
      AMP =V0   !  [Amplitude]
      AOMGT=OMEGA * TIME(2)
      SN=SIN(AOMGT)
      V=AMP * SN
C
C     DEFINE CONDUCTANCE
      AK(1)= C0 * SQRT(ABS(V)) * D(2)
C
C     PRINT * , TIME(2), AOMGT
      WRITE( * ,100)KSTEP, KINC, NODE,AK(1),V,D(2)
  100 FORMAT(3X,'KSTEP=',I5,3X,'KINC=',I5,3X,'NODE=',I6,3X,
      'GAPCON=',E15. 6,3X,'VELOCITY=',E15. 6,3X,'pressure=',E15. 6)
      RETURN
      END
```

上面的子程序中，AK(1)表示热导；D(2)表示通过接触传递的压强，V表示滑动速度，定义为一个正弦函数；TIME(1)为当前增量步结束时的分析步的时间；TIME(2)为当前增量步结束时的总时间；KSTEP 为分析步的序号；KSTEP 为增量步的序号；Tperiod 为往复运动的周期；V_0 为速度的幅值；$C_0 = \dfrac{3.92 K R^{\frac{1}{4}}}{\sqrt{k}\sigma^{\frac{3}{4}} E^*}$ 为由摩擦副材料热物性和表面粗糙参数决定的常数。

4.3.5　有限元数值分析

4.3.5.1　收敛性分析

本节主要研究运动形式对垂直于滑动方向的导热量的影响,通过分析接触面的法线方向上的平均热流密度随三个无量纲参数的变化而得到一些有意义的结论。因此,上物块和下物块之间的接触面上的网格密度对计算结果的收敛性存在较大的影响,需要对其进行收敛性分析。而下物块远离接触面的部分对热流的传递几乎不产生影响,可以采用Python 脚本软件对下物块进行过渡性网格划分,达到减少计算量、节省计算收敛时间的目的。

采用 McCool 对粗糙表面的试验测量数据来定义收敛性分析模型中的接触热导。上、下两个物块的材料都为钢,弹性模量为 208 GPa,泊松比为 0.3,密度为 7 800 kg/m³,热导率为 42 W/(m·K),比热容为 420 J/(kg·K)。假设上、下两个相互接触的表面具有完全相同的粗糙特性,接触面上微凸体峰顶的形状都是球形的,并且高度服从高斯分布。微凸体的峰顶半径为 6.6×10^{-5} m,峰顶高度的标准偏差为 2.4×10^{-7} m;有限元模型中的上物块与下物块的尺寸之比为 1∶200,使下物块可以看作半无限大固体;假设上物块的初始体积温度为 200 ℃,下物块的初始体积温度为 0 ℃,上物块在 10 MPa 的均匀压强作用下在下物块上以速度 $V = 2\sin(2\pi t)$ 做往复滑动,滑动过程中上物块顶面的温度和下物块底面的温度保持不变。由于通过接触面上各节点的热流密度随接触时间具有相同的变化趋势,且本节是对无量纲参数对法向导热量的影响进行定性分析,因此可以用上物块接触面中点的节点的一个周期内的平均热流和平均温度随时间的变化来反映上物块整个接触面上的平均热流和平均温度的变化情况。

上物块的接触面法线方向(热流方向)和滑动方向上的网格数均为 16,下物块接触面的网格节点数从 729 个增大到 3 645 个的过程中,上物块接触面中点的节点温度变化情况如图 4.6(a)所示,从图中可以明显看出,在不同网格数下,节点温度均随着作用时间的增大先减小随后缓慢增大,在最初的十个循环周期内节点温度急剧下降,随后下降速度逐渐缓慢,并伴随有缓慢上升的趋势,当经过 400 个周期的往复运动后,节点温度几乎不再发生变化。图 4.6(b)为第 400 个周期内的节点平均温度随着网格数量的变化情况,从图中可以看出下物块接触面上的节点数为 2 916 个和节点数为 3 645 个时所对应的纵坐标值几乎相等。考虑到计算的时间成本,取 2 916 作为下物块接触面上的节点个数。

下物块上表面的节点个数为 2 916 时,上物块的节点个数从 8×8 个增大到 40×40 个的过程中,上物块接触面中点的节点平均温度变化的情况如图 4.7 所示,发现当上物块的节点数目大于 24×24 时,节点在第 400 个周期内的平均温度几乎保持不变,因此本节选择上物块有限元模型的节点数为 32×32。

通过收敛性分析,最终选择下物块接触面上的节点数为 2 916 个,上物块的节点数为

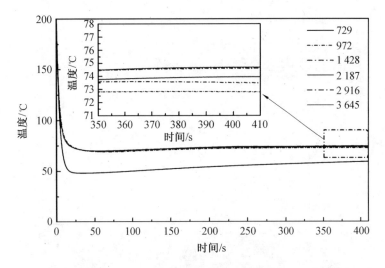

（a）上物块接触面上中间节点的平均温度随接触时间的变化趋势

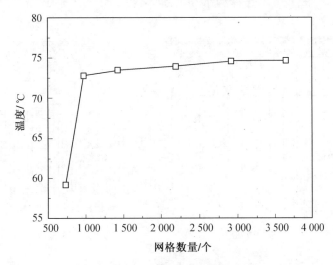

（b）接触时间 $t = 400\ \text{s}$ 时的节点平均温度随下物块接触面上网格数量的变化趋势

图 4.6　节点平均温度随下物块接触面上网格数量的变化

32×32 的有限元网格模型用于仿真分析，有限元网格模型如图 4.8（a）所示，图 4.8（b）为有限元模型的局部放大图。

4.3.5.2　数值仿真结果

上物块在下物块上表面沿着 x 轴做往复运动的过程中，热流的瞬态波动逐渐减小，最终趋于稳定状态。图 4.9 和图 4.10 显示了式（4.43）中的三个无量纲参数（无量纲频率 $\tilde{\omega}$、无量纲振幅 S_0 以及 ξ）对热传递的影响规律。其中，图 4.9 给出了无量纲振幅 $\tilde{S}_0 = 0.32$ 时，无量纲平均热流密度随无量纲参数 ξ 和无量纲频率 $\tilde{\omega}$ 的变化曲线。结果表明不同无量纲频率下，无量纲平均热流密度随 ξ 的变化具有相似的规律，即无量纲热流密度均随着

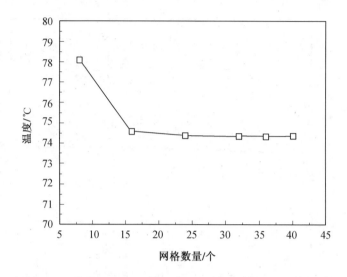

图 4.7   节点平均温度随上物块接触面上网格数量的变化

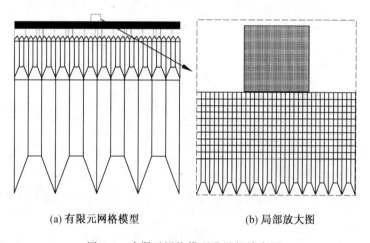

(a) 有限元网格模型   (b) 局部放大图

图 4.8   有限元网格模型及局部放大图

ξ 的增大而增大,且 ξ 取值较小时,无量纲热流密度的增长速率较大;ξ 取值较大时,无量纲热流密度增长缓慢,并趋于稳定值。此外,当无量纲参数 ξ 保持恒定时,无量纲平均热流密度随着无量纲频率的增大而增大。

通过对图 4.10 中的曲线进行对比研究,发现无量纲平均热流密度均随无量纲振幅的增大而增大,且增长速率逐渐减小。当 $\tilde{S}_0 > 2$ 时,$\xi_3 = 7\,150$,$\xi_4 = 71\,500$ 以及 $\xi_5 = 715\,000$ 所对应的三条曲线随着振幅的增大而互相逼近。同时,当无量纲参数 ξ 相对较大时,无量纲平均热流密度与振幅呈非线性关系。注意到,当 $\xi > 7\,150$ 且振幅取较大值时,无量纲热流密度的增长非常缓慢,表明此时接触热导对热传导的影响占主导地位。当 $\xi > 71\,500$ 并且 $\tilde{S}_0 > 8$ 时,无量纲平均热流密度将趋于常数,不再随 ξ 以及 $\tilde{S}_0$ 的取值而改变。

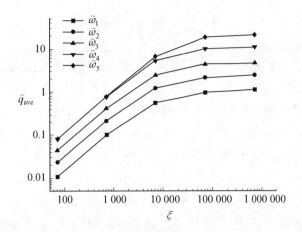

图 4.9　$\widetilde{S}_0 = 0.32$ 时,无量纲平均热流密度随无量纲参数 ξ 以及无量纲频
　　　率 $\widetilde{\omega}$ 的变化规律

注:其中无量纲频率的取值分别为 $\widetilde{\omega}_1 = 10^{3.39}$, $\widetilde{\omega}_2 = 10^{4.09}$, $\widetilde{\omega}_3 = 10^{4.69}$,

$\widetilde{\omega}_4 = 10^{5.39}$, $\widetilde{\omega}_5 = 10^{5.69}$ 。

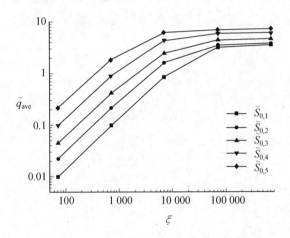

图 4.10　$\widetilde{\omega} = 10^{4.69}$ 时,无量纲平均热流密度随无量纲振幅 $\widetilde{S}_0$ 及无量纲参
　　　数 ξ 的变化规律

注:其中 $\widetilde{S}_0$ 的取值分别为 $\widetilde{S}_{0,1} = 0.02$, $\widetilde{S}_{0,2} = 0.08$, $\widetilde{S}_{0,3} = 0.32$, $\widetilde{S}_{0,4} =$

1.59 , $\widetilde{S}_{0,5} = 7.96$。

4.4　本章小结

第 2 章和第 3 章的研究结果为滑动副间宏观导热问题的有限元分析提供了边界条件,本章对其进行了仿真应用,并重点研究了在不考虑摩擦生热的情况下,往复运动对由于温差导致的两个接触面间法向热传导的影响。主要的工作和结论如下:

得到了适用于不同 Pe 数下的接触热导表达式,既可用于预测滑动接触面间的有效接触热导,也可预估静态下的有效接触热导,从而为探究接触表面热流分配系数和强化接触换热设计提供依据。

(2)研究了往复运动对体积温差作用下的热传导的影响规律。界面的平均热流密度通过三个无量纲参数来表征,分别为往复运动的振幅、频率以及界面接触热导的度量参数,该度量参数取决于界面材料特性、表面粗糙度以及接触压强的大小。

(3)当 $\tilde{\omega} < 10^{5.69}$, $\tilde{S}_0 < 8$ 时,无量纲平均热流密度具有较快的增长速率;当 $\xi > 71\,500$, $\tilde{S}_0 > 8$ 时,无量纲平均热流密度逐渐趋于稳定值,此时界面接触热导值对传热起主要作用,可认为接触热导值为常数。

结论:增大无量纲频率或者振幅均可提高界面间的热流密度;当无量纲参数 ξ 较小时,无量纲平均热流密度与无量纲振幅呈正比例关系,随着 ξ 的增大,非线性关系逐渐增强。

第 2 部分　表面织构的摩擦温升研究

第 5 章　表面织构摩擦温升实验
设计与试样制备

本章设计实验研究方案,介绍主要实验方法和设备,阐述实验试样的表面织构制备过程及方法。确定织构加工工艺,规范织构加工流程,以获得高质量的表面织构。

5.1　技术路线与实验方案

5.1.1　研究思路与技术路线

本书研究思路如图 5.1 所示,首先进行实验研究,初步探索表面织构对摩擦温升的影响规律。由于实验毕竟只能开展有限数量的研究,于是建立与实验对应的表面织构摩擦温升计算模型,以研究更多表面织构参数对摩擦温升的影响及作用机理。在此基础上,进一步纵向扩展,计算了不同摩擦工况下表面织构的摩擦温升,研究摩擦工况对表面织构摩擦温升的影响规律。总体技术路线是由实验研究到模拟计算,再到实验验证,最后使用实验修正模型。

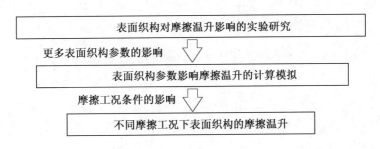

图 5.1　研究思路示意图

5.1.2　实验方案

本书主要有三个部分的实验工作,分别是:第 6 章中表面织构对摩擦温升影响的实验研究,第 7 章和第 8 章中对理论(模拟)计算过程的验证实验研究。下面分别简要阐述实验方案的设计。

(1)表面织构影响摩擦温升的实验研究。对具有不同参数的沟槽表面织构进行了正交对比实验,在相同摩擦工况下,测量了试样的摩擦系数、摩擦温升,表征了其磨损程度。设计了两组表面织构,第 1 组织构的面积率不同,其他参数均相同,同时和未织构试样进行了对比研究;第 2 组在第 1 组的基础上,仅改变织构宽度,实验研究织构宽度改变后,不同面积率织构的摩擦温升规律。

(2)验证实验研究。该部分实验是为了验证表面织构摩擦温升计算模型,由于在理论计算中主要研究了不同织构参数和不同摩擦工况(摩擦速度、载荷、摩擦副材料)对表面织构摩擦温升的影响,因此,对应理论计算,分别设计了 4 组验证实验。第 1 组是在不同织构参数下验证模型计算结果,第 2 组在第 1 组的基础上改变摩擦速度验证模型,第 3 组在第 1 组的基础上改变法向载荷验证模型,第 4 组在第 1 组基础上改变摩擦配副材料验证模型。

5.2　实验方法与设备

5.2.1　摩擦磨损实验

使用 SRV4 摩擦磨损实验机进行常温下的摩擦磨损实验,实物照片如图 5.2(a)所示。该实验机提供往复摩擦运动,可以进行点、线、面等多种接触方式下的摩擦实验。其往复的摩擦频率范围是 1～511 Hz,摩擦行程范围为 0.01～5 mm,法向载荷加载范围为 0.5～2 000 N。本书实验中的线接触摩擦过程,如图 5.2(b)所示,圆柱沿着垂直于半径方向往复滑动,与下试样进行线接触摩擦。

5.2.2　摩擦温升测量

实验中摩擦温升的测量采用接触式热电偶测量法,其对称中心的横截面,如图 5.3 所示。在下试样表面下方 1 mm 处,接触界面正下方平行于摩擦滑动方向上打直径为 1 mm 的孔,深度 13 mm,在该孔预埋 K 型热电偶,进行接触式摩擦温升测量,并在热电偶与孔的空隙处装填导热硅脂,使热电偶与试样保持良好接触。实验过程中上试样轴线垂直于沟槽方向做往复摩擦运动,并保持测温点始终在摩擦接触区的正下方。

5.2.3　主要性能表征

采用 FEI Quanta 200 场发射环境扫描电子显微镜及其附带的能谱仪,分析和观察实

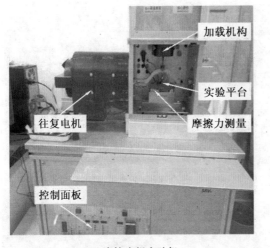
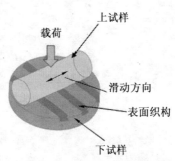

(a)SRV4摩擦磨损实验机　　　　　　(b) 试样摩擦过程示意图

图 5.2　摩擦实验装置及摩擦过程示意图

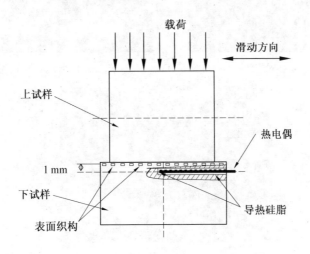

图 5.3　摩擦温升测量示意图

验试样磨损表面的形貌及成分,扫描电子显微镜如图 5.4(a)所示。利用 Talysurf 表面形貌测量仪测量和分析沟槽形表面织构的轮廓形貌,测量仪如图 5.4(b)所示。使用奥林巴斯体式显微镜(Olymplus DSX100)观察和测量试样的形貌特征,体式显微镜如图 5.4(c)所示。采用三维白光干涉表面形貌仪(图 5.4(b)),测量表面织构磨损后磨痕的三维形貌。利用双光干涉显微镜(图 5.4(e)),测量高温磨损后磨痕的宽度。使用维努氏显微硬度计 Tukon 2500-6,测量试样表面的显微硬度。

(a) 场发射扫描电子显微镜　　　　　　　　(b) Talysurf 表面形貌测量仪

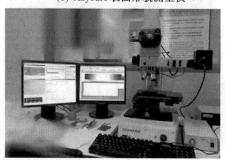

(c) Olymplus 体式显微镜　　　　　　　　(d) 三维白光干涉表面形貌仪

(e) 双光干涉显微镜

图 5.4　实验所用的主要性能表征设备

5.3　试样表面织构的制备

如第 1 章所述,表面织构加工方法众多。其中,激光加工具有效率高、精度高、操作方便和容易控制织构形状和尺寸等优点,在国内外已得到了广泛应用。电火花线切割是机械工业常用的传统加工方法,也可方便快捷加工表面图形,特别是在加工沟槽形表面织构中,运用较多。因此,本书研究过程中,主要采用激光和电火花方法加工实验试样的表面织构。实验上试样为直径 15 mm,长度 22 mm 的圆柱;下试样为直径 24 mm,厚度 7.88 mm 的圆饼,上下试样如图 5.5(a)所示。在下试样表面使用激光和电火花两种方式加工织构,如图 5.5(b) 所示。

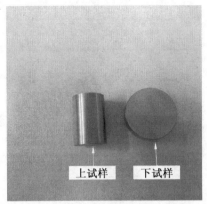

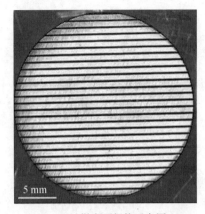

(a) 实验试样　　　　　　　　(b) 试样表面织构示意图

图 5.5　实验试样及表面织构示意图

5.3.1　表面织构电火花加工

5.3.1.1　电火花线切割加工

电火花线切割加工(Wire Electrical Discharge Machining)的原理如图 5.6 所示。加工设备主要包括旋转的储丝筒、上下导轮和电极丝,电极丝常采用钼丝。

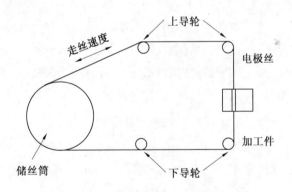

图 5.6　电火花加工原理图

电火花加工织构的重点是稳定性,加工参数的选取对加工过程的稳定性存在较大影响。例如,增大峰值电流或增大开路电压,切割加工稳定性将会提高,但峰值电流过大会引起烧丝或断丝。加工的稳定性对工艺指标也有较大的影响,稳定的加工有利于提高切割速度和获得较好的表面粗糙度及加工精度。加工表面织构有两种可能的方式,如图5.7所示。第一种方式为电极丝只在织构区切削,在非织构区抬起分离;第二种方式是电极丝始终与加工表面接触,即将试件表面切除一层,实现织构加工。第一种加工方式中,电极丝与试件表面存在频繁的接触—分离过程,减弱了电流的稳定性,加工精度不高且易导致非织构表面的烧蚀损坏;第二种加工方式中,在加工过程中电极丝始终位于试件内部,电流稳定,加工质量较好,但对试件装卡的平整度要求较高。在本研究中选取第二种方式加工实验试样的表面织构。

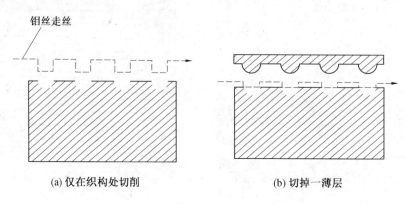

(a) 仅在织构处切削　　　　　　　　(b) 切掉一薄层

图 5.7　两种电火花加工方式示意图

5.3.1.2　电火花加工表面织构的工艺流程

为保证电火花加工表面织构的稳定性,规范工艺流程如下:

(1)试样清洗。加工前应保持试件表面洁净,防止污染带来加工误差。将试件依次放入丙酮、无水乙醇、去离子水中分别超声清洗 10 min,最后烘干待用。

(2)织构图案设计。在切割控制软件中设计好所要加工的织构图案后,设定电流、走丝的速度等相关工艺参数。

(3)试样装卡和定位。把清洗完毕的试件固定在加工平台上,装卡中保证试件的被加工表面与电极丝方向平行,设定初始给进位置。

(4)表面后处理。加工完毕后,使用砂纸去除毛刺和表面氧化层,再使用抛光垫精细抛光,最后,重复步骤(1)对试件进行清洗,完成加工。

5.3.1.3　电火花加工表面织构的测量与表征

图 5.8 所示为使用体式显微镜(Olympus DSX100)表征的部分电火花加工的表面织构,图中沟槽形表面织构宽度分别为 500 μm 和 220 μm。可见,按上节所述加工流程进行抛光后,表面基本平整,织构表面的局部放大图如图 5.9(b) 所示,可以看出凹槽边缘清晰,形状规则,满足加工要求。利用表面轮廓仪(Talysurf PGI 1230)测量织构的横截面轮廓,如图 5.9(c)所示,图中标示了织构的宽度和深度,此外织构面积率也是其重要指标。织构面积率指织构所占有的面积总和,除以整个被加工平面的总面积,本书中简称面积率。所有沟槽处的表面之和除以试样总的表面积,为该沟槽形表面织构的织构面积率。

5.3.2　激光加工表面织构

激光加工表面织构,是通过高能量的激光光斑照射到待加工试样表面,使其表层材料在瞬间发生熔化、汽化,以去除部分材料而形成特定的图案。通过每个光斑形成的微凹坑相连便形成了完整的织构,如图 5.10 所示。图中箭头所指方向为激光的扫描方向,织构

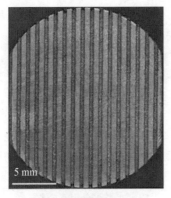 

(a) 织构宽度500 μm　　　　　　　　　(b) 织构宽度220 μm

图 5.8　电火花加工织构案例的表面形貌

 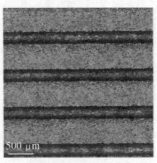

(a) 表面形貌　　　　　　　　　　(b) 局部放大

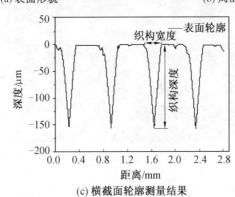

(c) 横截面轮廓测量结果

图 5.9　电火花加工表面织构的表面形貌和截面轮廓图

的长度 L 可以通过激光扫描的距离控制,织构区域的宽度 H 可以通过平行的多条光束控制。

5.3.2.1　激光加工系统

本研究使用的激光加工系统主要包括:激光器、激光控制主机、激光头、加工平台,如图 5.11(a)所示。其工作原理如图 5.11(b)所示。激光器输出的激光束经扩束镜扩束后,投射到两个振镜扫描器的反射镜上,反射进入扫描振镜,扫描振镜在振镜驱动器控制下,

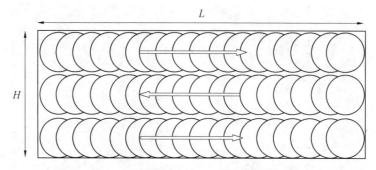

图5.10 激光加工沟槽形表面织构的示意图

使激光束在加工平面内进行扫描,形成加工图形。扫描振镜输出的光束通过聚焦透镜聚焦,形成细微、高能量密度的光斑,最终到达被加工表面形成烧蚀加工。该加工系统的主要参数:激光波长为 1 064 nm,最大功率 20 W,重复频率范围为 20~200 kHz,最大扫描速度为 7 000 mm/s,重复精度为 ±3 μm,扫描振镜的最大加工范围为 160 mm×160 mm。

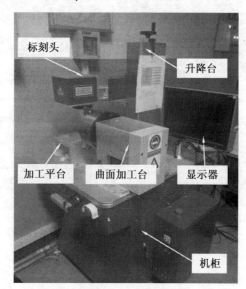

(a) 激光加工系统实物图

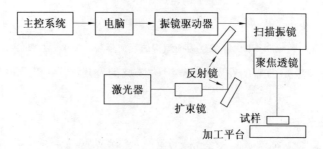

(b) 工作原理示意图

图5.11 激光加工系统及其加工原理

5.3.2.2　激光加工表面织构的工艺流程

为减少激光加工表面织构中人为因素造成的影响,将加工工艺流程规范如下:

(1)试样清洗。与电火花加工类似,将试件依次放入丙酮、无水乙醇、去离子水中分别超声清洗 10 分钟,最后使用吹风机烘干待用。

(2)织构图案设计。在 Auto CAD 软件中设计好所要加工的织构图案,并导入激光加工软件待用。

(3)焦距调整和定位。把清洗完毕的试件固定在加工平台上,调整试件至待加工位置,测量激光头至试件表面的距离,通过升降台调整该距离至焦点位置。

(4)织构加工。设置加工参数,如激光功率、重复频率及扫描速度等,进行加工。

(5)表面后处理。由于激光加工完织构后,织构边缘会存在凸起和毛刺,故先使用 600♯和 1 200♯的砂纸先后抛光 2 分钟去除毛刺后,再使用 0.5 μm 粒径的金刚石抛光剂,在抛光机上抛光 10 分钟,最后重复步骤(1)对试件进行清洗后,完成加工。

5.3.2.3　激光加工表面织构的测量与表征

使用体式显微镜(Olympus DSX100)表征激光加工的沟槽形织构,其中部分织构的表面微观形貌如图 5.12 所示。图 5.13 展示织构的局部放大图和横截面轮廓图。可见,在抛光去除毛刺熔渣后,织构加工形状较为规则,质量满足实验要求。

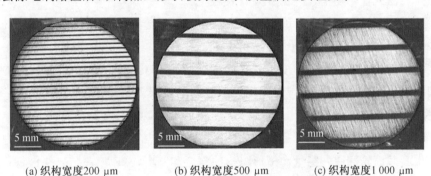

(a) 织构宽度200 μm　　　(b) 织构宽度500 μm　　　(c) 织构宽度1 000 μm

图 5.12　激光加工沟槽形表面织构实例

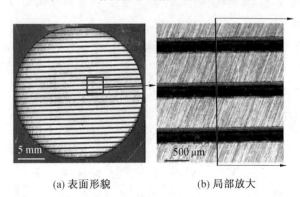

(a) 表面形貌　　　　　　(b) 局部放大

图 5.13　激光加工表面织构的几何形貌和截面轮廓图

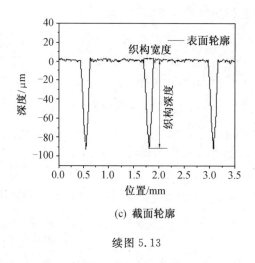

(c) 截面轮廓

续图 5.13

5.3.2.4 激光加工参数对织构几何尺寸的影响

由于激光加工中热效应以及产生大量熔渣等问题,实际加工出织构的几何尺寸,与设计图纸的尺寸不尽相同,会受到激光加工工艺参数的影响。因此,为了制备出符合实验要求的几何尺寸表面织构,需要研究激光加工参数对织构几何尺寸的影响。激光加工参数主要有三个:激光输出功率、重复频率和扫描速度。

在激光输出功率分别为 10 W、14 W、18 W,重复频率分别为 20 kHz、30 kHz、40 kHz,扫描速度分别为 500 mm/s、1 000 mm/s、2 000 mm/s 下,设计了三水平三因素的正交实验,以相同的织构设计模板,制备沟槽形表面织构,研究激光加工系统的三因素,对织构几何尺寸的影响,共 27 组实验。为了减小随机误差,每组实验重复 3 次。将钢试件表面抛光至粗糙度小于 $Ra=0.2$,按照上述加工步骤,使用 27 组不同的激光参数在钢试件表面加工沟槽形织构,加工完成后,使用 Talysurf 表面轮廓仪表征表面织构的几何形貌,画出其截面轮廓图并测量沟槽形织构的深度和宽度,整理相关结果并进行正交方差分析。

为了定量分析实验结果,将输出功率、重复频率、扫描速度作为三个因子,进行正交分析,因素水平表见表 5.1。

表 5.1　因数水平表

因子	水　平		
	1	2	3
A:输出功率/W	10	14	18
B:重复频率/kHz	20	30	40
C:扫描速度/(mm·s⁻¹)	500	1 000	2 000

选用正交表 L27(313),进行方差分析的计算,沟槽形织构平均宽度和深度的具体数

据及正交表设计见表 5.2;运用表 5.2 的实验数据,进行一系列计算,关于织构宽度和深度的方差分析结果分别见表 5.3 和表 5.4。

表 5.2　实验方案及沟槽形织构平均宽度和深度

| 编号 | 序列 | | | | | | | | | 平均宽度 /μm | 平均深度 /μm |
	I A	II B	III (AB)1	IV (AB)2	V C	VI (AC)1	VII (AC)2	VIII (BC)1	IX (BC)2		
1	1	1	1	1	1	1	1	1	1	112.11	73.95
2	1	1	1	1	2	2	2	2	2	118.4	80.15
3	1	1	1	1	3	3	3	3	3	124.85	51.65
4	1	2	2	2	1	1	1	2	3	105.4	68.4
5	1	2	2	2	2	2	2	3	1	117.35	78.35
6	1	2	2	2	3	3	3	1	2	136.1	40.5
7	1	3	3	3	1	1	1	3	2	109.9	71.7
8	1	3	3	3	2	2	2	1	3	106.95	68.9
9	1	3	3	3	3	3	3	2	1	116.7	49.55
10	2	1	2	3	1	2	3	1	1	115.15	76.1
11	2	1	2	3	2	3	1	2	2	118.2	79.1
12	2	1	2	3	3	1	2	3	3	123.3	49.5
13	2	2	3	1	1	3	2	2	3	105.35	69.9
14	2	2	3	1	2	1	3	3	1	117.3	80.75
15	2	2	3	1	3	2	1	1	2	128.7	38.7
16	2	3	1	2	1	2	3	3	2	102.05	67.35
17	2	3	1	2	2	3	1	1	3	117.15	77.05
18	2	3	1	2	3	1	2	2	1	123.3	51.1
19	3	1	3	2	1	3	2	1	1	142.55	92.9
20	3	1	3	2	2	1	3	2	2	114.45	74.05
21	3	1	3	2	3	2	1	3	3	114.4	39.4
22	3	2	1	3	1	3	2	2	3	120.15	74.5
23	3	2	1	3	2	1	3	3	1	118.15	80.2
24	3	2	1	3	3	2	1	1	2	122.05	31.2
25	3	3	2	1	1	3	2	3	3	126.9	83.1
26	3	3	2	1	2	1	3	1	3	118.4	74.2
27	3	3	2	1	3	2	1	2	1	105.8	43.5

从表 5.3 中的 F 值和临界值的比较可知,因数 C、因数 AC 交互及因数 BC 交互,对织构宽度都有显著影响,从 F 值的大小可看出,因数 AC 交互作用最显著,其次依次为 C、BC、B。对照表 5.1 中各因素代号可知,加工参数对织构宽度影响的明显程度由强到弱:输出功率与重复频率交互作用($A \times C$),扫描速度(C),重复频率与扫描速度交互作用($B \times C$),重复频率(B)。

表 5.3　沟槽形织构宽度的方差分析表

方差来源	离差平方和	自由度	平均平方和	F 值	临界值	显著性
A	82.9	2	41.5	1.79		
B	196.4	2	98.2	4.23	$F0.05(2,12)=3.88$	*
C	201.8	2	100.9	4.35		*
AB	34.5	4	8.6		$F0.05(4,12)=3.26$	
AC	1 121.1	4	280.3	12.08		* *
BC	399.6	4	99.9	4.31		*
误差 E	185.8	8	23.2			
总和 T	2 222.2	26				

从表 5.4 中的 F 值和临界值的比较可见,因数 C、AC 交互、BC 交互,对沟槽形表面织构深度都有显著影响。影响显著程度由大到小依次是:C,AC 交互,BC 交互。即加工参数对织构深度影响的明显程度由强到弱为:扫描速度(C),输出功率与扫描速度交互作用($A \times C$),重复频率与扫描速度交互作用($B \times C$)。

表 5.4　沟槽形织构深度的方差分析表

方差来源	离差平方和	自由度	平均平方和	F 值	临界值	显著性
A	50.4	2	25.2	0.86		
B	165.1	2	82.6	2.83	$F0.05(2,12)=3.88$	
C	3 246.6	2	1 623.3	55.59		* *
AB	100.3	4	20.1		$F0.05(4,12)=3.26$	
AC	2 504.2	4	626.1	21.44		* *
BC	699.6	4	174.9	5.98		*
误差 E	233.8	8	29.2			
总和 T	6 766.2	26				

比较表 5.3 与表 5.4 的 F 值大小可见,在沟槽形表面织构的加工中,激光功率、频率和扫描速度对沟槽织构深度的影响大于对其宽度的影响,主要是因为在深度方向上没有光路约束。激光功率、扫描速度及其交互作用,是影响沟槽表面织构几何尺寸的主要因

素。研究其影响权重对于合理调整激光参数,探索加工工艺,加工出实验需要的沟槽形织构具有重要的工程指导意义。

5.4　本章小结

本章设计了实验方案,介绍了实验方法与设备,阐述了温升测量装置以及表面织构的制备方法与制备工艺流程。对激光加工的工艺参数进行了正交实验,分析了不同加工参数对织构几何尺寸的影响程度。相关研究成果便于指导沟槽形表面织构加工参数的调整,加工出实验与研究需求的表面织构试样,为本书相关实验研究奠定坚实的基础和提供试样保障。

第6章 表面织构影响摩擦温升的实验研究

本章在常温下实验研究表面织构对摩擦温升的影响,分析表面织构参数与摩擦性能和摩擦温升的关系,并在此基础上探讨表面织构影响摩擦温升的机理。首先介绍实验研究所用的试样准备和相关实验安排,然后给出摩擦、磨损和摩擦温升的实验结果,讨论表面织构对摩擦系数、摩擦温升和磨损的影响,最后分析表面织构影响摩擦温升的主要原因。

6.1 试样准备及实验安排

6.1.1 实验试样准备

实验上试样是直径 15 mm,长度 22 mm 的 ASTM 304 不锈钢圆柱,未进行热处理;下试样是淬火调质处理的 ASTM 1045 中碳钢圆饼,直径 24 mm,厚度 7.88 mm,上下试样的机械和热性能参数见表 6.1。织构图案加工在下试样表面,本实验中设计了六种沟槽表面织构,分为两组。第 1 组中织构深度(150 μm)和宽度(210 μm)都相同,织构面积率不同,分别是 55%、42% 和 30%,编号为织构 1、织构 2 和织构 3,同时选用未织构的光滑表面(编号为未织构)与其进行对比实验;第 2 组织构在第 1 组基础上,织构宽度均增加到 500 μm,织构深度(150 μm)不变,织构面积率不同,分别是 55%、42% 和 30%,与第 1 组织构形成对比,编号为织构 4、织构 5 和织构 6。详细几何参数如表 6.2 所示。按第 5 章所述的电火花加工流程,在下试样表面加工织构,然后使用体式显微镜(Olympus DSX100)、表面轮廓仪(Talysurf PGI 1230)表征织构的几何形貌。本实验中表面织构面积率设计为最大 55%,最小 30%,其原则是:在实验中发现相同法向载荷下过大的织构面积率会增大接触应力,造成过大塑性变形而发生破损;相比于未织构表面,过小的织构面积率在本书实验环境下,对摩擦温升的影响又不明显。因此实验探索结果发现,30%~55% 较为合适。

表 6.1 试样的机械和热性能参数

项目	下试样 ASTM 1045 钢	上试样 ASTM 304 不锈钢
密度/(g·cm^{-3})	7.85	7.93
硬度(HV$_{0.2}$)	300	198
屈服极限/MPa	355	205
热膨胀系数/(10^{-6}K^{-1})	11.59	16
热导率/(W·m^{-1}·K^{-1})	48.35	16.3

表 6.2　表面织构参数设计

编组	试样编号	织构面积率/%	宽度/μm	深度/μm
第 1 组	织构 1	55	210	150
	织构 2	42	210	150
	织构 3	30	210	150
	未织构	0	0	0
第 2 组	织构 4	55	500	150
	织构 5	42	500	150
	织构 6	30	500	150

6.1.2　摩擦实验安排

实验使用前述的 SRV4 摩擦磨损实验机,在相同载荷、速度等实验工况下进行摩擦磨损实验,摩擦实验环境和工况如表 6.3 所示。实验测量不同织构表面及未织构光滑表面在干摩擦下的摩擦学性能及由此产生的摩擦温升。实验结束后,使用扫描电子显微镜(SEM,FEI Quanta 200)和三维白光干涉表面形貌仪(MicroXAM-3D)表征不同织构的磨损情况,每组实验重复两次,结果取其平均值。

表 6.3　摩擦磨损实验环境和工况

项目	数值
环境温度/℃	29
往复频率/Hz	50
往复距离/mm	1
滑动速度/(mm·s^{-1})	100
法向加载/N	100
总滑动距离/m	56.2

6.2　实验结果和讨论

6.2.1　表面织构对摩擦系数及摩擦温升的影响

图 6.1 所示为第 1 组表面织构,在两次实验中,摩擦系数和摩擦温升随时间变化的曲线。可见,除了图 6.1(b)中织构 2 的摩擦温升在两次实验结果中差别较大外,其余实验的重复性都相对较好。温升差异的原因是实验过程中往复摩擦振动导致热电偶松动、接

触不良。摩擦系数在摩擦初期迅速上升后,后期在波动中趋于稳定,摩擦温升不断上升且上升速率逐渐减小,也趋于稳定,如图 6.1 所示。

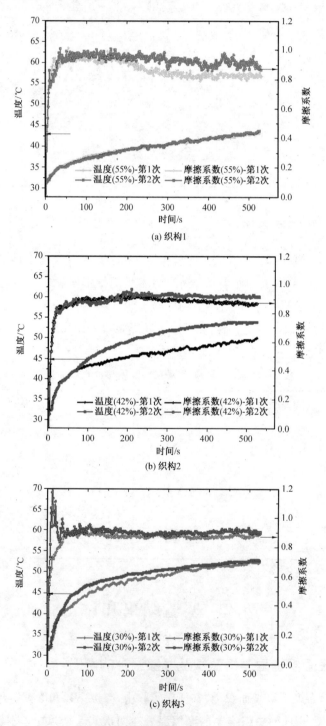

(a) 织构1

(b) 织构2

(c) 织构3

图 6.1　实验的摩擦系数与温升(第 1 组试样)

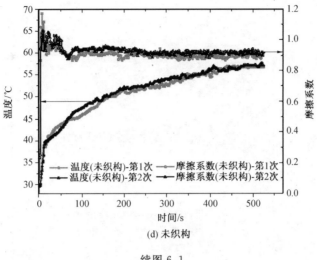

(d) 未织构

续图 6.1

将两次重复实验的结果平均后,平均摩擦系数和摩擦温升分别见图 6.2(a)和(b),可知,对于第 1 组织构,不同织构的摩擦系数基本保持不变,但摩擦温升却有显著的差异。表现为,相比于未织构的表面,沟槽形表面织构能够降低摩擦温升;对于宽度和深度相同的表面织构,织构面积率越高摩擦温升越低。

第 2 组织构在两次重复实验中,摩擦系数和摩擦温升随时间的变化曲线如图 6.3 所示,可见重复性较好。将图 6.3 中织构试样的摩擦系数和摩擦温升进行平均后,平均摩擦系数和温升如图 6.4 所示。

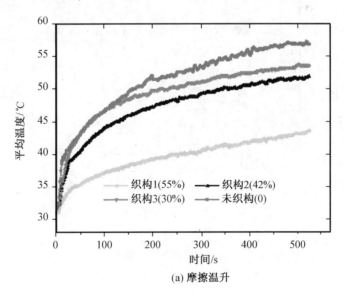

(a) 摩擦温升

图 6.2　第 1 组试样的平均摩擦温升及摩擦系数

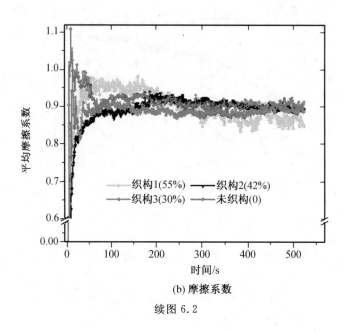

(b) 摩擦系数

续图 6.2

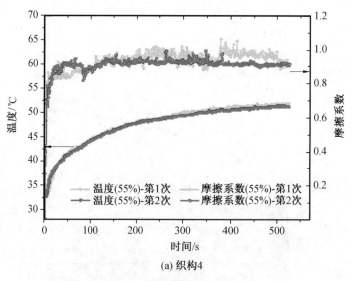

(a) 织构4

图 6.3　实验的摩擦系数与温升(第 2 组试样)

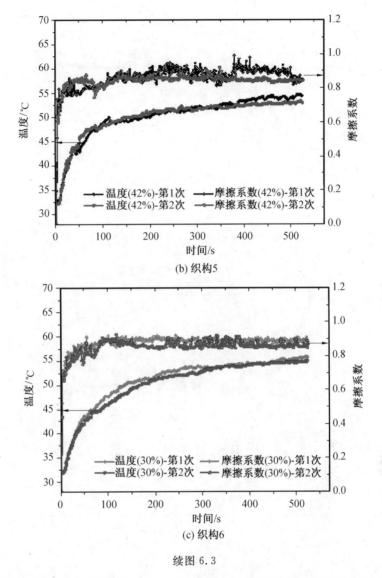

(b) 织构5

(c) 织构6

续图 6.3

　　为了与未织构表面形成对比,图 6.4 中也包含了未织构表面的平均摩擦系数及温升。对比图 6.4 与图 6.2 中的结果,可知,当织构宽度从 210 μm 增加到 500 μm 后,相比于未织构的表面,织构表面仍然能降低摩擦温升,但降低的幅度有所减小;同时,温升随织构面积率增加而降低的规律依然存在。

6.2.2　表面织构对磨损的影响

　　摩擦磨损实验后,使用扫描电子显微镜拍摄试样表面磨痕的微观形貌照片,如图 6.5 所示。其中图 6.5(a)～(d)分别为第 1 组织构和未织构试样的磨损形貌,图 6.5(e)～(h) 分别为试样织构 1、2、3 和未织构对应的上试样(即对摩副)表面的磨损形貌。从图中可见,织构表面的磨损宽度均大于未织构表面,这主要是由于在相同法向压力载荷下,织构

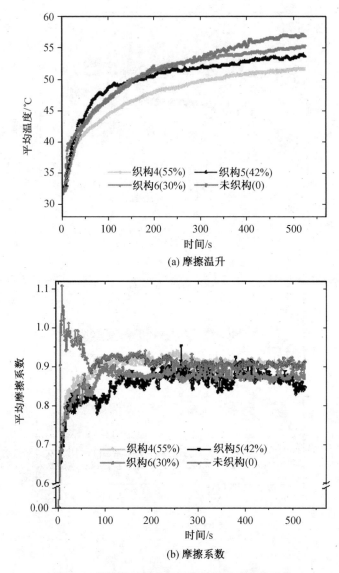

(a) 摩擦温升

(b) 摩擦系数

图 6.4　第 2 组试样的平均摩擦温升及摩擦系数

表面的压应力相对较大,容易发生塑性变形。但是,从磨痕表面的形貌来看,织构表面的磨痕较光滑,磨损较轻微。

　　图 6.6(a)~(c)分别为第 2 组织构表面磨损的微观形貌照片,图 6.6(d)~(f)分别为试样织构 4、5、6 对应的上试样(即对摩副)表面的磨损形貌。从图中可见,增大织构宽度后,与第 1 组织构磨损后的规律基本相似,即织构表面的磨痕宽度仍大于未织构表面磨痕宽度;从表面形貌来看,织构表面的磨痕,仍然较为光滑,磨损有所缓解。不同之处在于,相同面积率的织构表面,在增大织构宽度后,织构表面的磨损宽度略有增加。

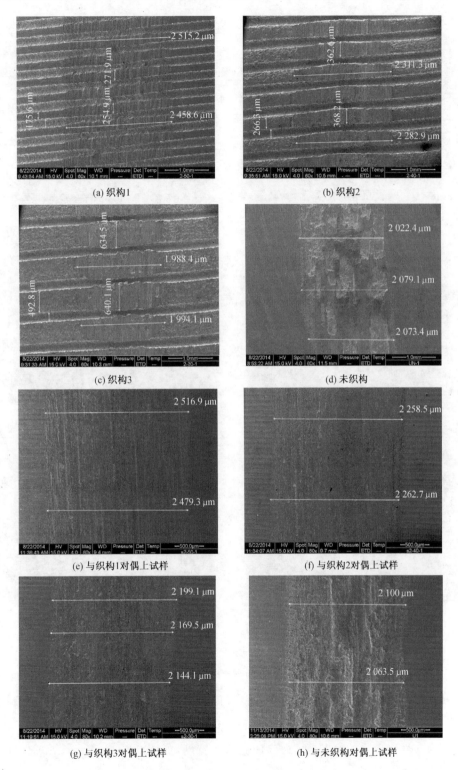

图 6.5　第 1 组试样及其上试样磨痕表面的 SEM 图像

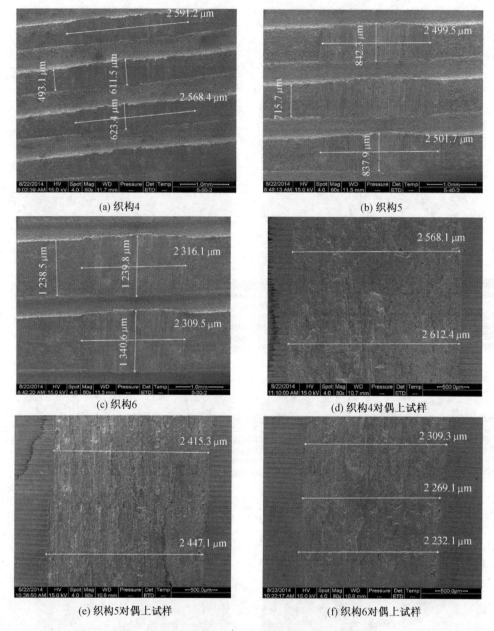

图 6.6　第 2 组试样及其上试样磨痕表面的 SEM 图像

　　从图 6.5 和图 6.6 中织构试样表面的磨痕形貌可见，摩擦接触区内的织构边缘处出现了塑性变形，用塑性变形比率表征塑性变形的大小，塑性变形比率 φ_h 定义如下

$$\varphi_h = (w - w_i)/w_i \tag{6.1}$$

其中，w 为塑性变形后的宽度，w_i 为该区域原始宽度，如图 6.5(c)所示，w 和 w_i 分别为 640.1 μm 和 492.8 μm。

　　对应于图 6.5 和图 6.6 中所有试样的磨痕宽度，将塑性变形比率统计与计算后，取两次试验的平均值列于表 6.4 中。

表 6.4　平均磨痕宽度、塑性变形区域宽度和塑性变形率

平均值	试样编号						
	织构 1	织构 2	织构 3	织构 4	织构 5	织构 6	未织构
下试样磨痕宽度/μm	2 486.9	2 297.1	1 991.3	2 571.7	2 497.5	2 310.6	1 972.3
上试样磨痕宽度/μm	2 498.1	2 260.6	2 170.9	2 550.2	2 421.6	2 299.1	2 067.3
塑性变形宽度 w/μm	266.7	368.9	641.1	625.9	858.8	1 399.5	—
对应原始宽度 w_i/μm	176.2	265.9	493.1	470.6	715.7	1 238.5	—
塑性变形比率 φ_h	0.51	0.39	0.3	0.33	0.2	0.13	—

注：表中数据均为两次实验的平均值。

为便于分析比较，将表 6.4 中数据整理成直方图，如图 6.7 所示。可见随着织构面积率增加，其平均磨痕宽度、对偶摩擦副的平均磨痕宽度、平均塑性变形率均有所增加，这主要是由于在相同法向载荷作用下，随织构面积率增加，压应力不断增大，发生塑性变形的可能性增加所致。同时，相同织构面积率，在织构宽度（从第 1 组 210 μm 增加到第 2 组 500 μm）增加后，其磨痕的平均宽度也略有增大。

为了进一步表征试样磨痕的形貌及磨损体积，使用三维白光干涉仪（MicroXAM—3D）测量了不同织构和未织构试样表面磨损的三维形貌，图 6.8(a)～(d) 所示为磨痕的三维形貌，并在此基础上绘制其横截面轮廓图。由于从三维形貌图中不能直接读出具体数值，故图 6.8 仅展示了第 1 组织构磨痕的三维形貌图，第 2 组织构也按同样方法表征。所有织构磨痕的轮廓图，绘制于图 6.9 中。

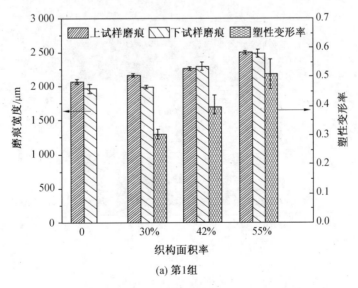

(a) 第1组

图 6.7　织构试样及对偶摩擦副的平均磨痕宽度、塑性变形率

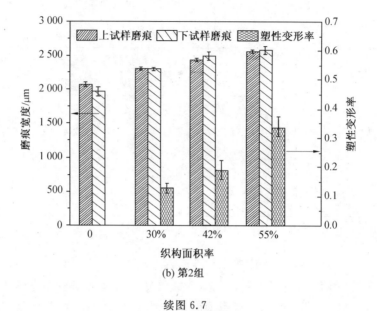

(b) 第2组

续图 6.7

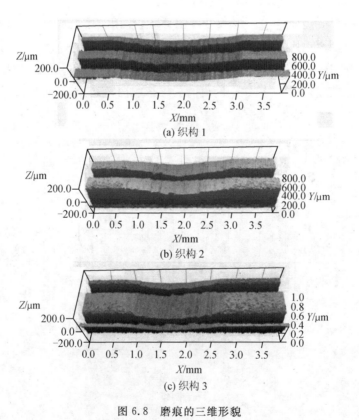

(a) 织构 1

(b) 织构 2

(c) 织构 3

图 6.8　磨痕的三维形貌

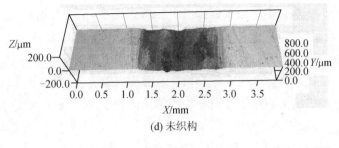

(d) 未织构

续图 6.8

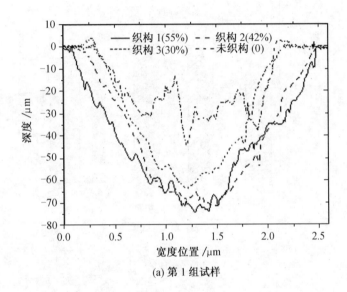

(a) 第 1 组试样

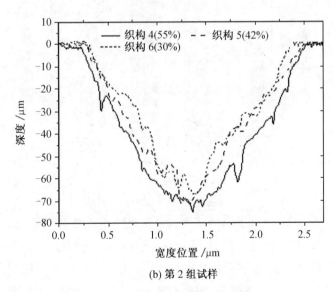

(b) 第 2 组试样

图 6.9　织构磨痕的横截面轮廓图

　　由图 6.9 可见,在垂直于摩擦表面方向上的磨痕深度,基本与磨痕宽度变化一致,且织构试样的磨痕表面较均匀,未见明显的凹坑和剥落。从轮廓图上,进一步测量了不同织构磨痕的最大深度并计算了磨痕的横截面积,将其平均值绘制成直方图,如图 6.10 所示。图中,织构面的磨痕横截面积和最大深度均比未织构表面大,且两组织构的磨痕横截面积与最大深度,均随着织构面积率增加而增加。其原因主要还是在于较高织构面积率更容易发生塑性变形。由误差棒大小可见,未织构的方差较大,说明磨痕内部,存在由于黏着或剥落引起的凹坑、凸起,图 6.8(d)、图 6.9(a) 中关于未织构表面的表征也能说明。

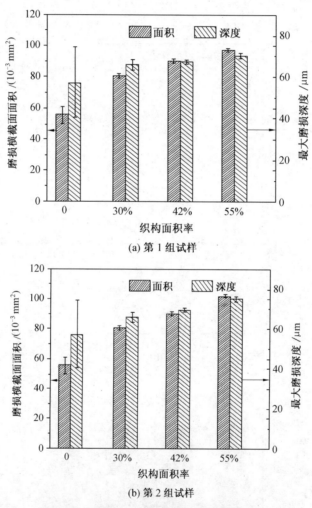

图 6.10　织构磨痕的平均横截面积及最大深度

　　在此基础上,图 6.11 给出了织构试样和未织构试样的磨损体积,由图可见,随着织构面积率增加,虽然磨痕深度、宽度增加,但是由于较高面积率织构的空隙较多,塑性流动明显,磨损体积却不断减小;对于相同织构面积率(对比第 1 组和第 2 组试样)的织构,宽度增大,磨损体积略有增加。总体来看,织构表面的磨损体积小于未织构表面的磨损体积,故沟槽形表面织构能够在一定程度上改善磨损。

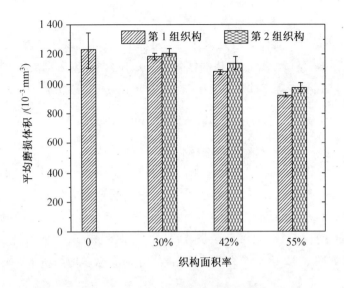

图 6.11　下试样的平均磨损体积对比图

6.2.3　实验结果讨论

在干摩擦环境下,具有不同几何参数的沟槽形织构的摩擦磨损实验表明,相比于未织构试样,表面织构对摩擦系数的影响不大,但对摩擦温升却产生了显著影响。两组试样织构(不同宽度)的摩擦温升测量结果均表明,随着织构面积率增加,摩擦温升降低。表面织构影响摩擦温升的原因,将在下一节中详细讨论。

根据实验结果分析不同沟槽形织构的磨损性能:随着织构面积率增加,其磨痕宽度、磨痕横截面积、织构边缘的塑性变形率均增大。原因是表面织构的面积率直接影响接触副之间的表观接触面积,织构面积率越大,此接触面积越小,相同载荷下导致接触应力增大,会进一步增加发生塑性变形的可能性。对比两组织构(不同宽度)的磨损情况,可见,对于相同面积率的沟槽织构,增加织构宽度后磨痕宽度、磨痕横截面积均略有增加,但其增加程度不如随织构面积率增加的程度明显。加入织构后,下试样的磨损体积却均有不同程度减小,同时从磨痕的表面形貌来看,织构的磨痕表面较为光滑,磨损较轻微。因此,沟槽形表面织构在此实验条件中,能够在一定程度上减缓磨损,其原因主要是织构区域产生塑性变形以及能够储存干摩擦产生的磨粒,减少了黏着磨损和三体摩擦的发生。

6.3　表面织构影响摩擦温升的原因分析

由以上实验结果可知,相比于未织构表面,沟槽形织构表面的摩擦系数变化不大,由于法向正压力相等,即摩擦力相差不大,因此,摩擦总功输入应基本相等,但是其摩擦温升却有显著降低。本节将从能量的角度,探讨织构影响摩擦温升的原因。

对下试样而言,存在以下能量守恒方程:

$$E_1 = kE_{tot} = E_w + E_p + E_c + E_r \tag{6.2}$$

其中,E_1 是输入下试样的能量;E_{tot} 是输入的总能量;k 是对下试样的能量分配比率;E_w 是磨损消耗的能量;E_p 是塑性变形消耗的能量;E_c 是在传导、对流、辐射中耗散的能量;E_r 是引起摩擦温升的能量,等于试样的热容、体积、温升的乘积。总能量 E_{tot} 可用式(6.3)计算

$$E_{tot} = \int_0^t \mu N v \, \mathrm{d}t \tag{6.3}$$

其中,μ 为摩擦系数;N 为法向载荷;v 是 t 时刻的滑动速度。

由于图 6.3(b)和图 6.4(b)给出了平均摩擦系数与时间的变化曲线,因此可以用式(6.3)计算出摩擦力的总功。但是摩擦界面的能量分配系数 k 较难确定,为了简化分析,假设对特定织构而言,能量分配系数是恒定值;并进一步假设,能量在上试样和下试样的分配量相等,即热分配系数 $k=0.5$。于是,通过式(6.2)和式(6.3)便可计算出下试样输入能量的平均值,如图 6.12 所示。为了分析比较,将摩擦温度增加量的平均值也绘制于图

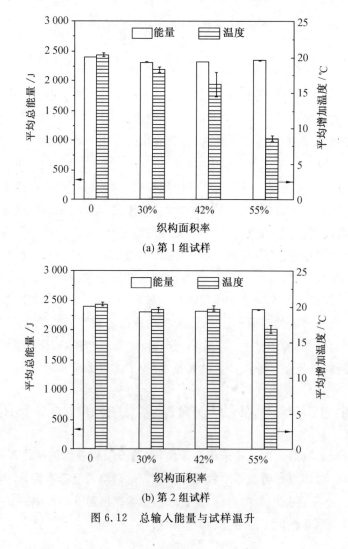

(a) 第 1 组试样

(b) 第 2 组试样

图 6.12　总输入能量与试样温升

6.12 中,可见,不同织构试样输入能量基本保持不变,但摩擦温升的增加却有显著的不同(第 1 组试样的变化更为突出),表现为随着织构面积率增加温升逐渐降低。为了研究其变化原因,需要估算不同织构参数对式(6.2)中其他几个能量变化的影响。

磨损在摩擦中会消耗能量,因为磨损而产生的磨粒会带走一部分热量。由于其比热容相同,带走的热量与磨损体积成正比,磨粒带走的能量可以用式(6.4)计算

$$E_{w} = c\rho V_i \Delta T \tag{6.4}$$

其中,c 为磨粒的比热容;ρ 为磨粒的密度;V_i 为磨损体积;ΔT 为温度的升高值。

假设磨粒的温升与实验过程中测量的温升一致,图 6.13 所示为各织构试样因磨损消耗能量的平均值,可见其与磨损体积成正比,即织构表面均能够降低磨损的能量消耗,且随着面积率的增大,这种降低作用更加明显。但是,从数值上看,能量消耗仅在 mJ 量级,与总功输入的 kJ 量级相比,所占比重甚少,因此,可以认为磨损消耗能量不足以如此大幅度地改变温升,不是影响摩擦温升的主要因素。

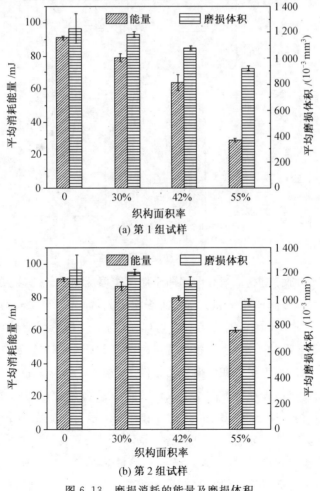

(a) 第 1 组试样

(b) 第 2 组试样

图 6.13　磨损消耗的能量及磨损体积

由式(6.2)可知,塑性变形也会消耗能量。在扫描电子显微镜表征的织构磨损显微照片(图 6.5(a)~(c)及图 6.6(a)~(c))中,可以明显观察到织构边缘发生了塑性变形。从上文对磨损的分析可知,对于相同宽度和深度的沟槽形表面织构,塑性变形率随织构面积率的增加而增大,塑性变形消耗的能量可以用式(6.5)计算

$$E_p = \int_V \sigma \varepsilon \, \mathrm{d}V \approx \sigma_s \int_V \varepsilon \, \mathrm{d}V \tag{6.5}$$

其中,σ、σ_s、ε 和 V 分别是应力、屈服极限、应变和塑性变形体积。

在该能量计算中,最大塑性变形深度取织构深度,故式(6.5)中 $\mathrm{d}V$ 可以进行估算。屈服极限 σ_s 见表 6.1,应变 ε 近似选取表 6.4 中的 φ_h 进行估算,计算结果绘制于图 6.14 中。可见,塑性变形消耗的能量随织构面积率的增大而增加,但是如磨损消耗能量一样,其值也在 mJ 量级,因此,也可以认为,塑性变形消耗的能量也不是影响摩擦温升的主要原因。

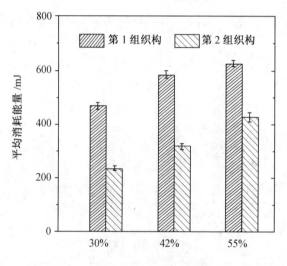

图 6.14　塑性变形消耗的能量

摩擦热在接触界面产生后,被分配到两个对偶摩擦配副中,热分配系数与摩擦润滑环境、摩擦接触面积、摩擦副的热学和机械性能等均相关,而且在摩擦过程中往往不是恒定量。Komanduri 等使用黄铜和钢的热学与物理性能指标,理论研究了滑动摩擦中,平均热分配系数与接触宽度的关系,表明接触宽度减小有利于热分配系数的减小。类比于本实验中的结果,较高面积率织构在摩擦运动方向上,意味着接触宽度变窄,分配给织构试样的热分配系数会减少,即导致分配给下试样的能量 E_1 会减少,温升会降低。图 6.15 所示为能量分配到织构试样(试样 B)后,热传导和耗散的示意图。图中 E_D 表示热量在织构区域(沟槽内)的耗散;E_B 表示热量经过接触界面分配后,传导进入试样内部。由以上分析可知,当织构面积率较高时,分配到下试样的热量 E_B 减少,即式(6.2)中的 E_1 减小;加之织构区域增多后,耗散量 E_D 增加即式(6.2)中的 E_c 增加,二者共同作用降低了下试样的摩擦温升。

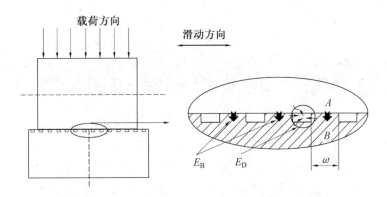

图 6.15 沟槽形织构区域内热流动和耗散示意图

基于以上分析,在估算了磨损与塑性变形消耗能量后,发现其量级都过小,均不是织构影响摩擦温升的主要原因。织构的摩擦热在传导、对流、辐射中引起的能量耗散,以及由于织构几何形貌和分布密度不同带来的换热条件改变,是导致温升发生显著变化的主要原因。

6.4 本章小结

本章在干摩擦下,实验探究了沟槽形表面织构的面积率和宽度对其摩擦、磨损和摩擦温升的影响,分析了影响的原因。

(1)在本书实验环境下,沟槽形表面织构对摩擦系数的影响不大,但对摩擦温升的影响显著,表现为织构面积率增大有助于降低摩擦温升,且在织构宽度较小时温升降低作用更为明显。

(2)与未织构表面相比,沟槽形织构表面的磨损宽度、深度及塑性变形率均有所增加,且随织构面积率增大呈继续增大趋势,原因主要是随织构面积率增加,其接触应力逐渐变大后导致塑性变形增加。但是,织构试样的磨损体积均有不同程度减小,磨痕的表面也较光滑,磨损较轻微。因此,表面织构实际上在一定程度上减缓了磨损,原因主要是织构区域能够储存磨粒,减少黏着磨损。

(3)从能量守恒的角度估算织构在磨损、塑性变形中消耗的能量,结果发现这两方面均不是织构影响摩擦温升的主要原因,而织构的摩擦热在传导、对流、辐射中引起的能量耗散,以及对流换热条件的改变,才是导致温升变化的主要原因。

第 7 章　表面织构参数影响摩擦
温升的计算模拟

实验研究表面织构对摩擦温升的影响,是一种行之有效且可靠的方法,但实验研究难以给出完整的温度分布。利用计算机数值模拟方法,可以建立相关计算模型,模拟整个摩擦过程,计算得到摩擦副的温度场。本章采用有限元法,运用 ANSYS 软件,创建与实验对应的沟槽形表面织构的摩擦温升计算模型;计算具有不同面积率、宽度和深宽比表面织构的摩擦温升分布,研究织构参数对摩擦温升的影响规律;分析表面织构参数影响摩擦温升的主要作用机理;并通过摩擦温升测量实验,验证所建的表面织构摩擦温升计算模型。

7.1　表面织构的摩擦温升数值计算模型

有限元法求解数值解,主要包括三个步骤:前处理、加载求解和后处理。本节从计算流程及前处理、控制方程和边界条件设定、计算结果后处理三方面阐述模型的建立过程。主要工作包括:确定思路和计算流程、建立几何模型、划分网格、确定控制方程和设定边界条件、施加载荷及处理计算结果。

7.1.1　计算流程及前处理

7.1.1.1　计算流程

计算流程如图 7.1 所示。首先,分别建立上、下试样的几何模型,划分网格,在上试样 Ω_1 和下试样 Ω_2(如图 7.2 所示)之间建立摩擦接触对。然后设置法向力和位移载荷及其边界条件,施加法向载荷,挤压圆柱。计算初期,使用较大的载荷步加载,后期使用较小的载荷步加载,加载后计算接触区域应力,直到接触区域应力满足载荷平衡条件为止,否则继续加载。在接触应力计算过程中,检测网格密度设置是否合适,即加密网格后再计算一次应力值,两次计算满足误差小于等于 0.1%,则不再加密网格;否则继续加密网格,直到满足条件为止。使用网格密度合适的有限元模型,施加载荷和位移边界条件以及热力学边界条件,进行计算。以力和位移计算结果是否收敛作为模型收敛性判据:若能够收敛则可结束计算,进行结果后处理;若不能收敛则调整法向加载及相关位移边界条件,对模型进行修正,使计算结果趋于收敛。

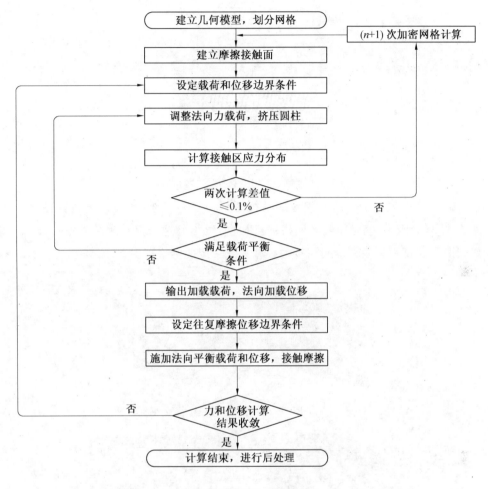

图 7.1　计算流程图

7.1.1.2　前处理过程

1. 三维模型建立

圆柱 Ω_1 的柱面与下试样 Ω_2 上表面相接触,形成线接触摩擦副,三维模型尺寸与第 6 章中实验试样相同,利用 SolidWorks 建立如图 7.2 所示的三维(3D)几何模型。上下两个试样装配时,配合关系为,上试样圆柱 Ω_1 的轴线垂直于 Ω_2 表面织构走向(Z 轴方向),且轴线与 Ω_2 几何中心共面,从而保证圆柱始终垂直于下试样正中心,进行摩擦运动。相比于二维模型,三维模型划分网格后节点较多,计算量成指数倍增加,因此需将模型简化。由第 6 章可知,圆柱 Ω_1 沿 X 轴方向摩擦运动,在 Z 轴方向上具有对称性,所以,将图 7.2 的三维模型,沿 Z 轴的对称中心进行剖分,取其一半进行计算,如图 7.3 所示。

2. 网格划分

图 7.3(a)展示了一半上试样 Ω_1 的网格划分情况,由于接触区域数据变化梯度较大,加密了接触区域网格,因此图中放大显示了网格加密处,最终离散成 25 800 个网格单元,

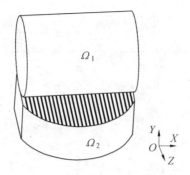

图 7.2　对摩上、下试样建立三维几何模型

节点数为 30 098 个。同理,将某织构试样 Ω_2 的一半划分为 193 140 个网格,215 100 个节点,如图 7.3(b)所示,也对接触区网格进行加密,以更好地捕捉接触区相关参数的变化,由放大图可见,能保证表面织构在接触区域具有一定的网格密度。

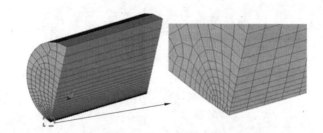

(a) 上试样 (Ω_1) 网格及接触区放大图

(b) 下试样 (Ω_2) 网格及接触区放大图

图 7.3　计算区域及网格划分

3. 载荷平衡条件

载荷平衡表达式如式(7.1)所示

$$\left(\iint p\mathrm{d}x\mathrm{d}z - F\right)/F < 0.1\% \tag{7.1}$$

其中,p 是接触区应力;F 是外载荷。

在每次迭代计算中都需要判断是否满足载荷平衡条件,直至满足时为止。

7.1.2 控制方程和边界条件设定

7.1.2.1 摩擦温升计算的控制方程

运用有限元方法求解热传导问题的基本原理是:在指定边界条件和热源载荷加载的条件下,根据能量守恒定律,将热传导方程转换为数值积分形式,并利用矩阵方程求解每一个有限元节点的温度,进行一定规则的合并和整合,最终得到整个区域的温度场分布。

能量守恒定律可用式(7.2)描述

$$Q - W = \Delta U \tag{7.2}$$

式中,Q 为在摩擦接触表面产生的热量;W 为外力做功;ΔU 为系统内能增加量。

如果不考虑磨损的影响,式(7.2)中热量 Q 的计算公式为

$$Q = \xi \int_{t_1}^{t_2} \int_A \mu(t) P(t) v(t) \mathrm{d}A \mathrm{d}t \tag{7.3}$$

系统内能增加量 ΔU 的计算公式为

$$\Delta U = \rho c \frac{\partial T}{\partial t} \Delta V \tag{7.4}$$

式(7.3)和(7.4)中,ξ 为外力做功转化为热能的转化系数;$\mu(t)$,$P(t)$ 及 $v(t)$ 分别表示随时间 t 变化的摩擦系数、法向应力和摩擦运动速度;A 为接触面积;T 为温度;ρ 为材料密度;c 为材料的比热容。

由此,可以得到温度场的三维热传导微分方程

$$\frac{\partial}{\partial x}\left(k_{xx}\frac{\partial T}{\partial x}\right) + \frac{\partial}{\partial y}\left(k_{yy}\frac{\partial T}{\partial y}\right) + \frac{\partial}{\partial z}\left(k_{zz}\frac{\partial T}{\partial z}\right) + \overset{\cdots}{q} = \rho c \frac{\mathrm{d}T}{\mathrm{d}t} \tag{7.5}$$

其中

$$\frac{\mathrm{d}T}{\mathrm{d}t} = \frac{\partial T}{\partial t} + V_x \frac{\partial T}{\partial x} + V_y \frac{\partial T}{\partial y} + V_z \frac{\partial T}{\partial z} \tag{7.6}$$

式中,T 为温度;t 为时间;k_{xx}、k_{yy}、k_{zz} 分别为 x、y、z 方向的热传导系数;V_x、V_y、V_z 分别为媒介 x、y、z 方向的热传导速率;$\overset{\cdots}{q}$ 为单位体积热生成;ρ 为材料密度;c 为材料的比热容。

使用有限元法求解方程,则需将式(7.5)的微分方程转化为其等效的积分形式,即

$$\int_{\mathrm{vol}}\left(\rho c \delta T\left(\frac{\partial T}{\partial x} + \{v\}^{\mathrm{T}}\{L\}^{\mathrm{T}}\right) + \{L\}^{\mathrm{T}}\delta T([D]\{L\}^{\mathrm{T}})\right)\mathrm{d}(\mathrm{vol})$$

$$= \int_{S_2}\delta T\, q^* \mathrm{d}(S_2) + \int_{S_3}\delta T h_{\mathrm{f}}(T_{\mathrm{B}} - T)\mathrm{d}(S_3) + \int_{\mathrm{vol}}\delta T\, \overset{\cdots}{q}\, \mathrm{d}(\mathrm{vol}) \tag{7.7}$$

式中,vol 为单元体积;$\{L\}^{\mathrm{T}} = \left[\dfrac{\partial}{\partial x}, \dfrac{\partial}{\partial y}, \dfrac{\partial}{\partial z}\right]$;$[D]$ 为材料的热传导属性矩阵;$\overset{\cdots}{q}$ 为单位体积热生成;q^* 为传入的热通量;h_{f} 为对流换热系数;T_{B} 为换热流体的温度;δT 为温度的虚变量;S_2 为热通量施加面积;S_3 为对流换热施加面积。

将式(7.7)写成矩阵表示形式

$$(C)\{\dot{T}\} + ((K^m) + (K^d) + (K^c))\{T\} = \{Q^f\} + \{Q^c\} + \{Q^g\} \tag{7.8}$$

其中

$$(C) = \int_{\text{vol}} \rho c \, \{N\}^{\text{T}} \{N\} \, \text{d(vol)} \, , \quad T = \{N\{Te\}\}^{\text{T}} \, , \quad B = \{L\}^{\text{T}}[N]$$

$$(K^m) = \int_{\text{vol}} \rho c \, \{N\}^{\text{T}} \{v\}^{\text{T}} [B] \, \text{d(vol)} \, , \quad (K^d) = \int_{\text{vol}} (B)^{\text{T}} (D)(B) \text{d(vol)}$$

$$(K^c) = \int_{S_3} h_f \, \{N\}^{\text{T}} \{N\} \{Te\} \, \text{d}(S_3) \, , \quad \{Q^f\} = \int_{S_2} \{N\} q^* \, \text{d}(S_2) \, ,$$

$$\{Q^c\} = \int_{S_3}^{\infty} T_B h_f \{N\} \, \text{d}(S_3) \, , \quad \{Q^g\} = \int_{\text{vol}} \dddot{q} \text{d(vol)} \, ,$$

式中，(D) 为材料热传导属性矩阵；$\{N\}$ 为单元形函数；$\{Te\}$ 为单元节点温度矢量。

通过上述矩阵方程的不断迭代，在施加载荷和边界条件后，进行有限单元的计算，可以得出最终的数值解。

7.1.2.2 边界条件

为了求解矩阵方程，得出数值解，需要给定初始条件；同时必须给出计算的边界表面与外界介质的作用规律，即边值条件。初始条件与边值条件二者合称为边界条件。在摩擦温升计算中，主要有两种边界条件，结构（力和位移）分析边界条件和温度场分析边界条件。前者主要是控制载荷加载及摩擦相对运动位移，在本模型中较为简单，不一一列举；而温度场分析边界条件，在摩擦温升计算中涉及的种类较多，其主要分为以下三类：

1. 第一类边界条件

第一类边界条件也称为温度边界条件，即直接给定沿导热物体边界面上的温度值

$$T = f(x, y, z, t) \, , t > 0 \tag{7.9}$$

式中，T 为温度；t 为时间；x，y 和 z 为空间三坐标位置。

2. 第二类边界条件

此类边界是直接给定导热物体边界面上的热流密度

$$q_b = -\lambda \frac{\partial T}{\partial n} f(x, y, z, t) \, , t > 0 \tag{7.10}$$

式中，T 为温度；n 为方向向量，其方向为界面处的外法线方向。当 q_b 等于 0 时为绝热边界。

3. 第三类边界条件

此类边界是给定导热物体边界面上的换流系数，也称为对流换热边界，即

$$-\lambda \frac{\partial T}{\partial n} = h(T_b - T_f) \, , t > 0 \tag{7.11}$$

式中，λ 为冷却系数，仅与材料的性能有关；T_b 为界面（壁面）的温度；T_f 为流体温度；h 为界面处的表面换热系数。

本模型中温度场边界条件的设定如图 7.4 所示，由于下试样 Ω_2 底面 A3 与实验机平台直接接触，可以近似看作与无限大热容物体接触，将面 A3 设置为室温边界条件。对称中心的两个面 A1 与 A2 使用对称边界条件，对称边界条件对于温度场来讲，即是第二类

边界条件,热流密度恒等于 0,无热交换。除图中标示的 A1,A2,A3 表面外,其余表面(包括表面织构的凹槽表面)均选择对流换热边界条件,对流换热参考温度为环境温度。

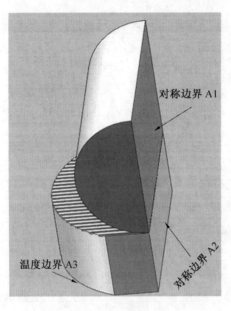

图 7.4　边界条件设定

计算中使用到四种材料,304 不锈钢、45 钢、A1 和 PTFE,分别用 304、45 钢、A1 和 PTFE 表示,表 7.1 给出了相关的材料特性以及计算中的有关参数值。其中,由于实验中的表面织构是与空气发生对流换热,在本模型的空气自然对流环境下,设定空气对流换热系数 q_s 为 6 W/m²℃,见表 7.1。

表 7.1　数值计算模型的相关参数

参数	参数值
环境温度 T_0/℃	25
圆柱 Ω_1 半径 R_1/mm	7.5
圆柱 Ω_1 长度 L_1/mm	22
Ω_2 切除前圆半径 R_2/mm	12
Ω_2 厚度 H/mm	7.88
圆柱 Ω_1 比热容 c_u/(J·kg⁻¹·K⁻¹)	500(304);460(45 钢);880(Al);1 050(PTFE)
圆柱 Ω_1 热导率 K_u/(W·m⁻¹·K⁻¹)	16.8(304);48(45 钢);237(Al);0.25(PTFE)
圆柱 Ω_1 弹性模量 E_u/Pa	1.94×10^{11}(304);2×10^{11}(45 钢);0.72×10^{11}(Al);2.8×10^8(PTFE)
Ω_2 比热容 c_d/(J·kg⁻¹·K⁻¹)	500(304);460(45 钢)
Ω_2 热导率 K_d/(W·m⁻¹·K⁻¹)	16.8(304);48(45 钢)
下试样弹性模量 E_d/Pa	1.94×10^{11}(304);2×10^{11}(45 钢)
对流换热系数 q_s/(W·m⁻²·K⁻¹)	6

7.1.3　计算结果后处理

摩擦温度场是随时间变化的瞬态场,但随着摩擦过程的进行,内部摩擦热源的稳定输入和边界散热条件逐渐达到动态平衡后,物体内各点的温度随时间变化的差异越来越小,最终趋于相对稳定,如图 7.5(a)中节点的温升曲线所示。在描述摩擦温升随时间变化的同时,为了进一步展现温度在三维空间上的分布情况,采用如图 7.5 所示的温度后处理方法。图 7.5(a) 是在 A、B、C 三种不同沟槽形织构试样中,拾取的某节点温度随时间变化的曲线,为了对比这三种织构的温升大小,分别在时间域上初始 T_a(瞬态)、中间 T_m(瞬态)和趋于稳态时的 T_s 三个时刻,拾取三维空间内节点的温度分布。当下一时刻温度值减去 T_s 时刻的温度值之差,除以 T_s 时刻的温度,商值小于等于 1%,则 T_s 就定义为近似稳态时刻。不同织构到达近似稳态的时间不一定相同,如图 7.5(a)所示,T_{sA}、T_{sB} 和 T_{sC} 分别是织构 A、B 和 C 到达近似稳态的时刻,三者不相等。为了便于分析,后文将其统称为近似稳态的 T_s 时刻,不再加以区分。

在空间域上,计算结果给出的是所有节点的温度分布云图,如图 7.5(b)所示。若要对不同织构温升进行详细比较则比较困难。因此,考虑在空间域的三维坐标轴方向上,拾取不同位置节点的温度值,根据温度值的三维分布来描述整个织构的温升情况。如图 7.5(b)中坐标所示,设定下试样的接触中心位置为坐标系原点,分别拾取 X、Y、Z 方向的节点在 T_a、T_m、T_s 时刻的温度。这样既可以在时间上完成瞬态、稳态分析,也可以得到三维空间的温度分布规律。

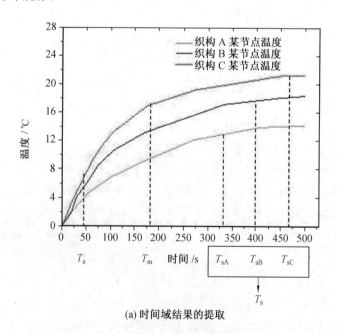

(a) 时间域结果的提取

图 7.5　摩擦温升计算结果的后处理

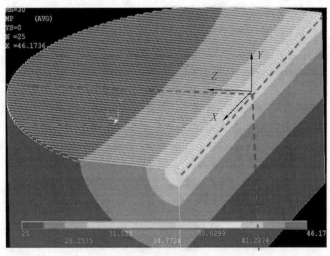

(b)三维空间域节点温度拾取位置示意图

续图 7.5

7.2　表面织构参数对摩擦温升的影响

为了系统研究表面织构参数对摩擦温升的影响,在相同的摩擦工况条件下,使用上述模型分别模拟研究织构面积率、织构宽度和织构深宽比对沟槽形表面织构摩擦温升的影响规律。简化起见,假设所有计算中热能转化系数、摩擦系数和温度场边界条件均保持不变。

7.2.1　织构面积率对摩擦温升的影响

利用表 7.1 所示的参数,计算 68%、55%、43%、30%面积率表面织构的摩擦温度场,同时与未织构表面 UN(1)形成对比,研究织构面积率对摩擦温升的影响。下试样(织构试样)材料为 45 钢,上试样材料为 304 不锈钢。

表 7.2　织构面积率影响摩擦温升的计算参数

编号	织构尺寸			摩擦工况		摩擦配副
	宽度/μm	深度/μm	织构面积率/%	速度/(mm·s⁻¹)	载荷/(N·mm⁻¹)	
T1-68(1)	220	150	68	100	4.76	
T1-55(1)	220	150	55	100	4.76	
T1-43(1)	220	150	43	100	4.76	45 钢-304 不锈钢
T1-30(1)	220	150	30	100	4.76	
UN(1)	0	0	0	100	4.76	

注:以 T1-68(1)为例,对表中织构编号加以说明,68 表示织构面积率百分数,(1)表示第 1 组计算。

图 7.6 给出了初始 T_a 时刻,不同面积率沟槽形织构在单个织构内部及其附近的摩擦温度分布。可见,在织构(凹槽)底部中心附近温度最低,在凸起部分的中心附近温度最高;过了最高温度,在靠近下一个织构边缘的过程中,温度再次降低,呈双峰曲线分布;随着织构面积率增加,织构区域附近温度曲线趋于狭窄,且织构底部的最低温度降低。同时可见,虽然 68% 面积率织构表面(凸起部分)的最高温度大于 55% 面积率织构表面的最高温度,但是其织构区域内部的最低温升却更小。这种温度分布的改变,主要是因为较大面积率的织构,增加了对流散热和对 X 轴方向传导状态的改变。

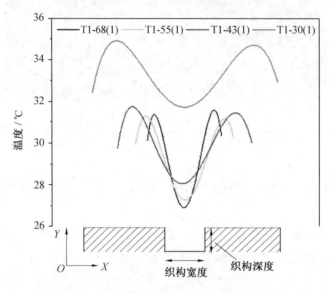

图 7.6　初始时刻单个织构的温度分布图

按照结果后处理方法,初始 T_a 时刻在下试样 Ω_2(织构试样)的 X、Y 和 Z 方向拾取的温升计算结果,如图 7.7(a)~(c)所示,图 7.7(d)表示对偶圆柱 Ω_1 在 Y 方向上的温度分布。图 7.8 和图 7.9 分别表示 T_m 和 T_s 时刻对应的下试样 X、Y、Z 方向以及对偶副的温度。

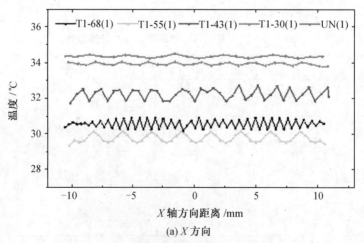

(a) X 方向

图 7.7　T_a 时刻不同面积率织构及对偶副的温升计算结果

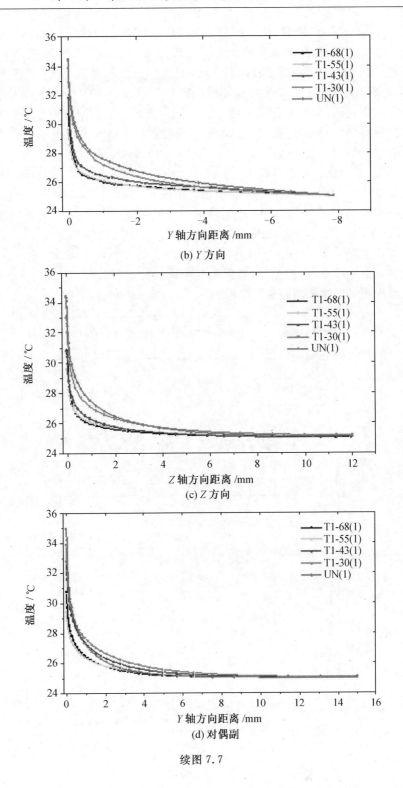

(b) Y 方向

(c) Z 方向

(d) 对偶副

续图 7.7

　　由图 7.7(a)可见,织构面积率由 0 上升到 55％(UN(1)至 T1-55(1)),X 轴方向的摩擦温升不断下降,织构面积率继续升高到 68％后,温升又有所上升。图 7.7(b)中 Y 轴方向的摩擦温升随着织构面积率增加不断下降,到达 55％面积率后,温升下降变缓,表现为与 68％面积率织构基本相等的温度。不同织构在 Z 轴方向上的温升分布规律与 Y 轴方向上的规律基本相同,如图 7.7(c)所示。图 7.7(d)给出了对偶摩擦副在 Y 轴方向的温度分布情况,可见虽然在坐标原点(接触区域)附近对偶摩擦副与其对摩的织构温升规律一致(随织构面积率升高,温升先降低再升高),但是,对偶摩擦副在远离接触区处的温升大小却发生改变,温度从大到小依次为:与 30％、43％、0、68％、55％对偶的摩擦副。

　　图 7.8 是中间 T_m 时刻的温升计算结果。由图 7.8(a)可见,不同沟槽形织构间温度的差别进一步增加,在 T_a 时刻下温升随着织构面积率增加先下降再上升的趋势没有改变,但是相比于上一时刻,68％面积率织构温升更高。不同织构在 Y 和 Z 轴方向的温度分布规律与 T_a 时刻相同,只是织构间的温差变大,如图 7.8(b)和(c)所示。由图 7.8(d)对偶摩擦副的温度可见,与初始 T_a 时刻温升不同,与未织构对偶摩擦副的温升最高,与43％面积率织构对偶摩擦副的温度最低。

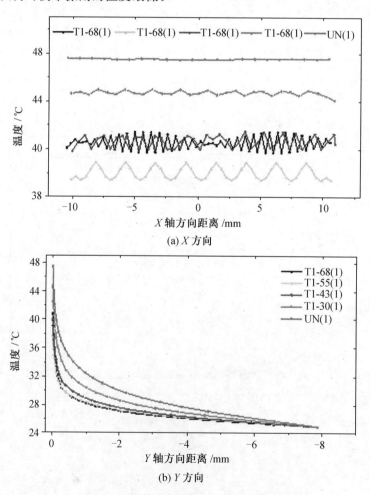

图 7.8　T_m 时刻不同面积率织构及对偶副的温升计算结果

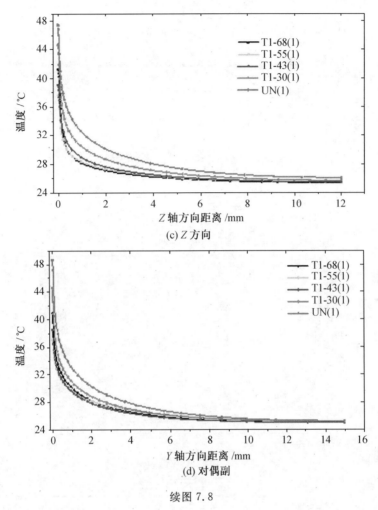

(c) Z 方向

(d) 对偶副

续图 7.8

在近似稳态 T_s 时,温升计算结果如图 7.9 所示。由图 7.9(a)可知,不同织构在 X 轴方向的温升规律基本不变,但织构面积率由 55％上升到 68％,温升不再显著增加。由于 68％面积率织构在接触界面(X 轴方向)的温度并未显著升高(上两个时刻其温度增加显著),所以在 Y 和 Z 轴方向上,表现为最低的温度,如图 7.9(b)和(c)所示。图 7.9(d)是对偶摩擦副温度,相比于上两个时刻,与 55％面积率织构对偶的摩擦副温升比与 68％面积率织构对偶的摩擦副温升更低,与其他面积率织构对偶的摩擦副温升大小规律不变。

通过沟槽形表面织构的面积率变化,对织构试样及其对偶摩擦副的摩擦温升分布的影响研究表明,随着织构面积率升高,织构试样的摩擦温升先降低再逐渐升高,相比于未织构试样,T_s 时刻 55％面积率织构在 X 轴方向(图 7.9(a)中)的温升最低,最多低约 11 ℃。对偶摩擦副的温升在三个时刻呈现出不同的变化规律,这是由于摩擦过程中不同织构改变了对偶摩擦副的热分配造成的,后文将详细讨论。

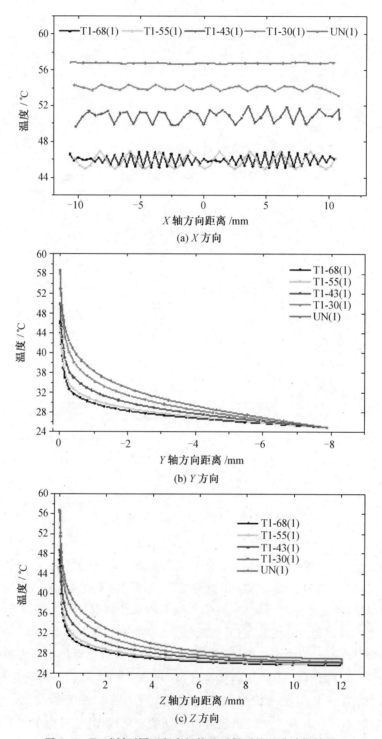

(a) X 方向

(b) Y 方向

(c) Z 方向

图 7.9　T_s 时刻不同面积率织构及对偶副的温升计算结果

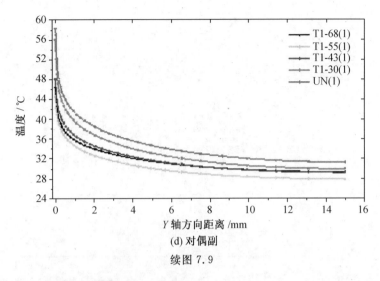

(d) 对偶副

续图 7.9

7.2.2　织构宽度对摩擦温升的影响

由 7.2.1 的研究结果可知,面积率为 55% 的沟槽形织构,表现为较低的摩擦温升。因此本小节将面积率定为 55%,计算面积率和深度相同而宽度不同的五种表面织构的摩擦温升,研究织构宽度对摩擦温升的影响,具体参数如表 7.3 所示。

表 7.3　织构宽度影响摩擦温升的计算参数

编号	织构尺寸			摩擦工况		摩擦配副
	宽度/μm	深度/μm	织构面积率/%	速度/(mm·s^{-1})	载荷/(N·mm^{-1})	
T1-W220	220	150	55	100	4.76	
T2-W500	500	150	55	100	4.76	
T3-W750	750	150	55	100	4.76	45 钢-304 不锈钢
T4-W1000	1000	150	55	100	4.76	
T5-W1250	1250	150	55	100	4.76	

注:以 T1-W220 为例,对表中织构编号加以说明,T1 表示织构 1,W220 表示织构宽度为 220 μm。

图 7.10 是初始 T_a 时刻不同宽度沟槽形织构的摩擦温升计算结果。由图 7.10(a)~(c)可见,T_a 时刻,织构宽度变化对织构试样(下试样)在 X、Y、Z 三个方向上的摩擦温升影响不大。在 Y 和 Z 轴方向上 220 μm 宽度的织构 T1 均表现出较低摩擦温升,但是在对偶摩擦副温升的图 7.10(d)中,该织构对偶摩擦副又呈现出较高摩擦温升。

摩擦进行到中间阶段后,各织构的摩擦温度分布如图 7.11 所示。在 X 轴方向上,织构宽度 1 250 μm(最宽)的 T5 表现为较高摩擦温升,宽度 750 μm 的 T3 和宽度 1 000 μm 的 T4 温升相对较低;在 Y 和 Z 轴方向上,各织构摩擦温升之间的差别较 T_a 时刻有所增大,且 T1 温升仍然较低;该时刻下不同织构对偶副之间的摩擦温升差异变大,但相互之间大小排列规律与图 7.10(d)中 T_a 时刻基本相同。

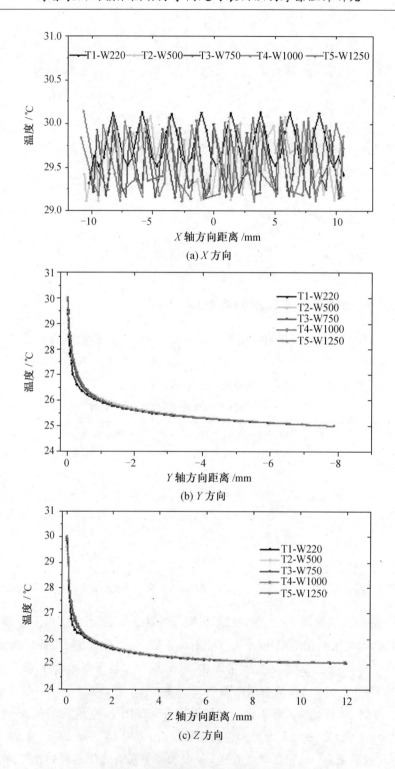

(a) X 方向

(b) Y 方向

(c) Z 方向

图 7.10　T_a 时刻不同宽度织构及对偶副的摩擦温升计算结果

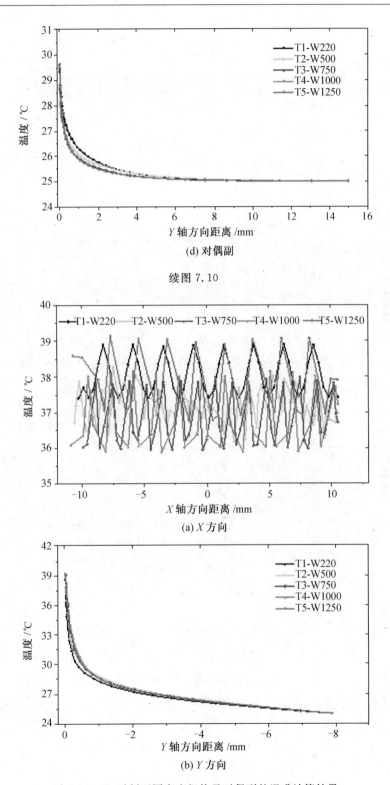

(d) 对偶副

续图 7.10

(a) X 方向

(b) Y 方向

图 7.11　T_m 时刻不同宽度织构及对偶副的温升计算结果

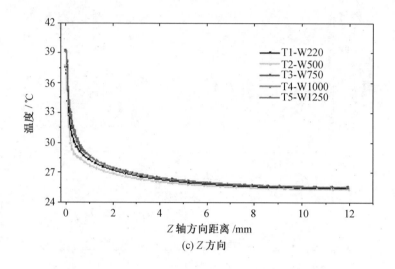

(c) Z 方向

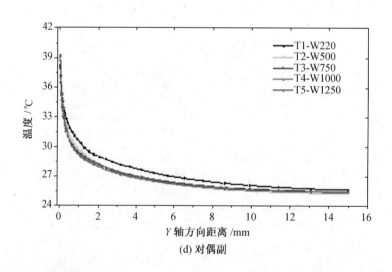

(d) 对偶副

续图 7.11

图 7.12 所示为接近稳态 T_s 时摩擦温度分布,与图 7.11 的中间阶段相比,各宽度织构的温度关系基本不变,在 X 轴方向和对偶摩擦副上,织构宽度 1 250 μm(最宽)的 T5 和 500 μm 的 T2,分别表现为较高和较低的摩擦温升。

本小节研究了沟槽形织构的宽度对摩擦温升的影响,可见,随着织构宽度增加,摩擦温升表现为先高再低的趋势,但相比于织构面积率对摩擦温升的影响,织构宽度对摩擦温升的影响较小,最大温升差异仅约为 2 ℃。

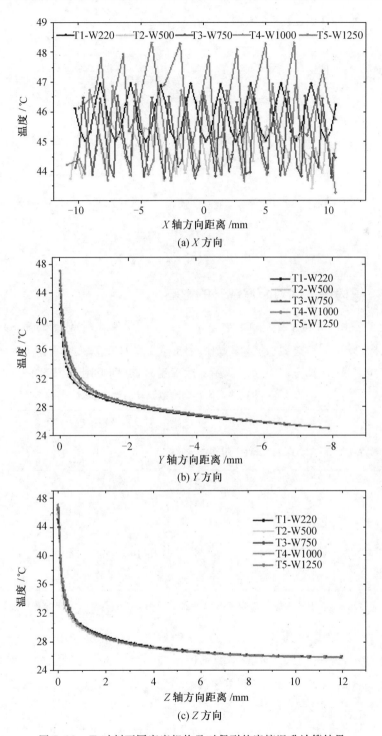

(a) X 方向

(b) Y 方向

(c) Z 方向

图 7.12　T_s 时刻不同宽度织构及对偶副的摩擦温升计算结果

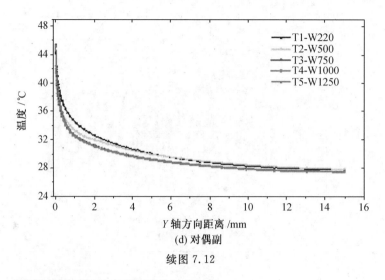

(d) 对偶副

续图 7.12

7.2.3　织构深宽比对摩擦温升的影响

选取 7.2.2 中间宽度的织构 T3(宽度 750 μm,面积率 55%)作为对照,设计深宽比不同的表面织构(面积率和宽度相同,深宽比不同),参数如表 7.4 所示。T_a、T_m 和 T_s 时刻对应的下试样 X、Y、Z 轴方向以及对偶副的摩擦温升,分别见图 7.13、图 7.14 和图 7.15。

表 7.4　织构深宽比影响摩擦温升的计算参数

编号	织构尺寸			摩擦工况		摩擦配副
	宽度/μm	深度/μm	织构深宽比	速度 /(mm·s^{-1})	载荷 /(N·mm^{-1})	
T3-R0.2	750	150	0.2	100	4.76	
T6-R0.6	750	450	0.6	100	4.76	
T7-R1.0	750	750	1.0	100	4.76	45 钢- 304 不锈钢
T8-R1.5	750	1 125	1.5	100	4.76	
T9-R2.0	750	1 500	2	100	4.76	

注:以 T3-R0.2 为例,对表中织构编号加以说明,T3 表示织构 3,R0.2 表示织构深宽比为 0.2。

图 7.13 中,深宽比为 2(最大)的织构 T9 和深宽比为 0.2(最小)的织构 T3,在 X、Y 和 Z 轴方向均分别表现为最大和最小的摩擦温升。图 7.13(d)所示的对偶摩擦副温升中,织构 T8(深宽比为 1.5)的温升相对较高。但总体来看,在初始 T_a 时刻,不同深宽比表面织构之间的摩擦温升差别不大。

T_m 时刻的摩擦温升分布,如图 7.14 所示。不同深宽比织构间的摩擦温升差别较上一时刻更明显。在 X 轴方向,随深宽比增加,温度先略低再高,深宽比 0.6 的织构 T6 温升最低,深宽比最大的织构 T9 温升最高。在 Y 和 Z 轴方向及其对偶摩擦副上,0.2 深宽比的织构 T3 温升最低,且随着深宽比的增加,摩擦温升增高。

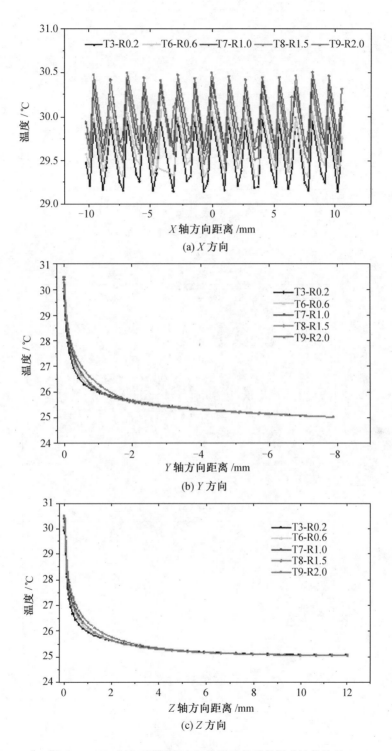

(a) X 方向

(b) Y 方向

(c) Z 方向

图 7.13　T_a 时刻不同深宽比织构及对偶副的温升计算结果

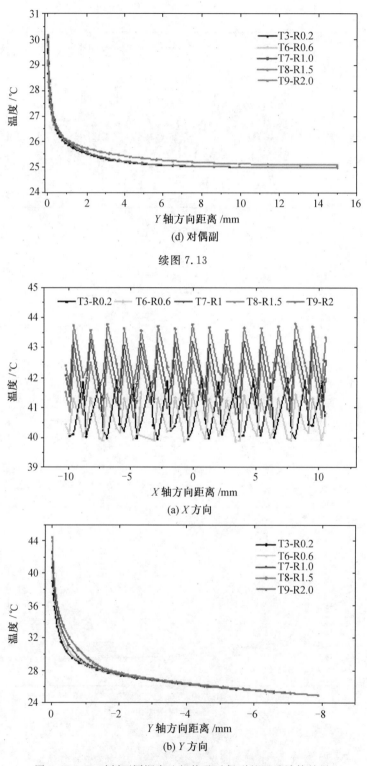

(d) 对偶副

续图 7.13

(a) X 方向

(b) Y 方向

图 7.14　T_m 时刻不同深宽比织构及对偶副的温升计算结果

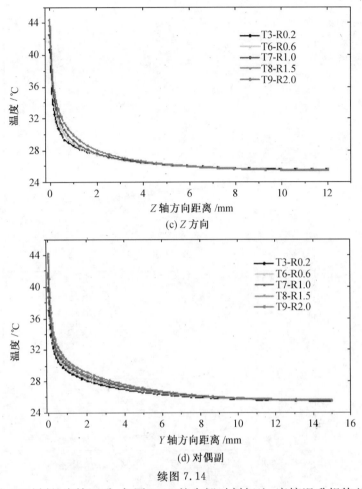

(c) Z 方向

(d) 对偶副

续图 7.14

图 7.15 为 T_s 时刻的摩擦温升,与图 7.14 的中间时刻相比,摩擦温升规律基本一致,只是在 X 轴方向各织构之间摩擦温升差别更加明显,该方向上织构间的最大温升差别约为 5 ℃。

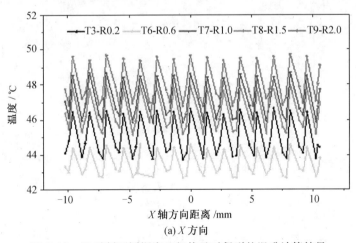

(a) X 方向

图 7.15 T_s 时刻不同深宽比织构及对偶副的温升计算结果

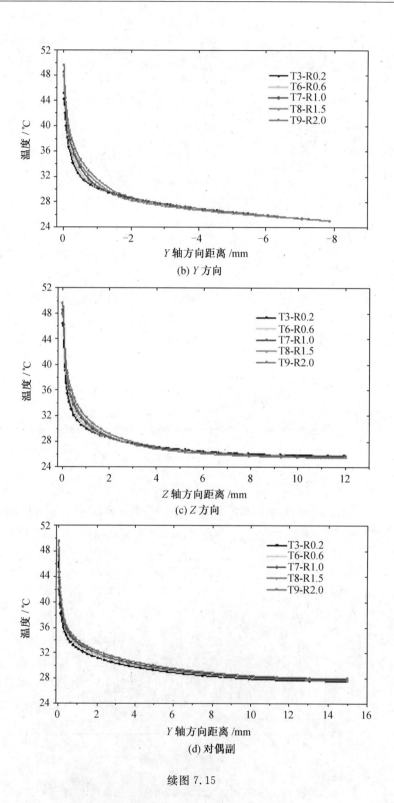

(b) Y 方向

(c) Z 方向

(d) 对偶副

续图 7.15

由以上分析可知,随着织构深宽比增加,在初始 T_a 时刻,不同织构间摩擦温升差别不大;在中间 T_m 时刻,摩擦温升表现为先略低再高;在接近稳态的 T_m 时刻,摩擦温升表现为更明显的先低再高。织构深宽比为 0.6 时,摩擦温升相对较低,在 T_s 时刻,深宽比为 0.6 和 2 的织构的摩擦温升存在最大温度差异,约为 5 ℃。

以上三小节在相同摩擦工况环境下,分别研究了表面织构的面积率、宽度、深宽比对摩擦温升的影响,结果显示,织构面积率对摩擦温升的影响最为明显,摩擦温升随织构面积率增加降低,但面积率进一步增加到 68% 后,在摩擦初期和中期的摩擦温升又有所增加。织构宽度或深宽比,对摩擦摩擦温升的影响,不如面积率明显,增加织构宽度或深宽比,摩擦温升均在接近稳态时差异最大,且表现为先低再高的趋势,过大的织构宽度或深宽比,均会带来较高摩擦温升。

7.3　表面织构影响摩擦温升计算结果实验验证与机理探讨

7.3.1　织构摩擦温升计算结果实验验证

为了验证所建表面织构温升模型计算结果与实际的符合性,设计了一组摩擦实验,实验编号为实验 1。前述计算结果显示,织构面积率对温升有显著影响,因此设计了宽度 (250 μm) 和深度 (180 μm) 相等而面积率不同的表面织构,织构面积率分别为 55%,43%,30% 以及 0(未织构表面)。使用前述 SRV 摩擦磨损实验机,在相同法向载荷 (90 N) 和摩擦速度 (100 mm/s) 下进行摩擦实验,实验中测量摩擦系数、下试样(织构)和上试样温升。下试样为 45 钢,上试样为 304 不锈钢。实验测量的摩擦温升、摩擦系数结果如图 7.16 所示。同时,将实验测量的摩擦系数,代入织构摩擦温升计算模型中,计算实验温度测量点附近节点的温度,将其结果也绘制于图 7.16。

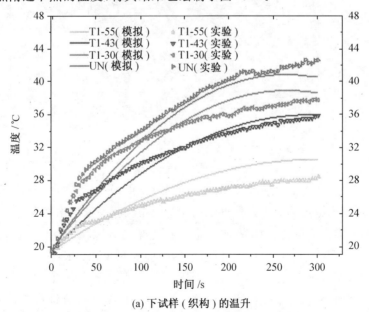

(a) 下试样(织构)的温升

图 7.16　实验 1 测量得到的摩擦系数、温升及与模拟计算结果的对比

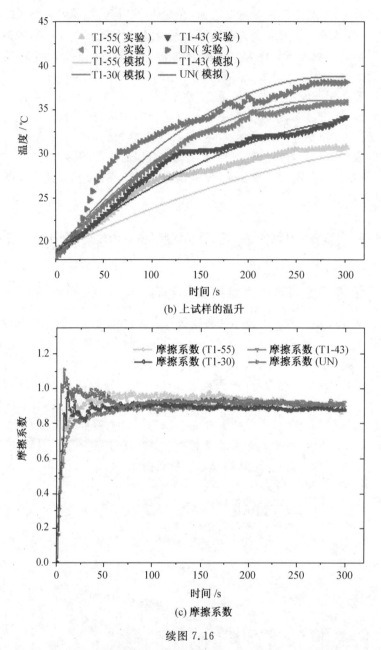

(b) 上试样的温升

(c) 摩擦系数

续图 7.16

　　图 7.16(a) 是下试样温度随时间变化的情况,三角形表示不同织构下试样的温升测量值,实线表示其模拟计算结果。可见模拟计算值与实验测量值虽然有一些差异,但是二者在趋势上基本吻合,可认为模型基本符合实际情况,能够对摩擦温升进行描述与预测。图 7.16(b) 为与织构对偶摩擦的上试样温度的实验测量值以及模拟计算值。图中,三角形表示与织构对偶摩擦副的温升测量值,实线表示该处温度的模拟计算值。摩擦温升随织构面积率升高而降低,与下试样温升情况基本相同,模拟计算值与实验测量值虽有差别但趋势变化基本一致。图 7.16(c) 为摩擦系数实验测量值,可见不同织构的摩擦系数,在

初期有一定差异,但稳定后差别不大。

验证实验结果显示,使用所建模型计算的织构摩擦温升与摩擦实验测量得到的摩擦温升在趋势上基本一致,模型能够用以模拟研究表面织构的摩擦温升变化规律。

7.3.2　织构影响摩擦温升的机理探讨

下面从摩擦过程探究织构影响摩擦温升的原因。图 7.17(a)所示为上下摩擦副的截面示意图,左边是织构试样,右边是未织构试样。织构区域的对流散热,作用于整个摩擦过程,耗散了系统总热量,对织构摩擦温升降低具有显著作用。

(1)在摩擦初始阶段,与未织构试样相比,织构试样在接触区域的接触面积相对小,在相同的摩擦功输入时,流入织构试样的热流密度大于未织构试样的热流密度(向上箭头),使织构试样表面获得较高温度,但是由于织构区域存在的对流换热(向下箭头),迅速将此热量扩散,加之摩擦初期本身温度并不高,因此,呈现出摩擦初期织构试样温升略低于未织构试样的现象。

(2)在摩擦中间阶段,上试样在摩擦运动中,在接触界面不断与织构凸起部分进行热交换,上述的较大热流会源源不断输入到对偶上试样中,相当于图 7.17(b)中的热量 ΔQ_1,从织构试样表面流入对偶副表面,使对偶摩擦副温度升高,注入织构试样的能量相对减少。

(3)对偶件温度不断上升,而织构区域的散热和热分配减少,使织构试样表面相对于对偶副要低,当界面的温差进一步增大后,又会出现热流 ΔQ_2 从对偶副表面流入织构试样表面,如图 7.17(c)所示。即向下试样分配的热量又要增加,意味着从织构试样底面(温度边界)流失的热量会增加,总热量流失进一步增多,最终达到图 7.17(c)中所示的动态平衡状态。

下面将 7.2 节中三维各方向节点温度的计算值进行平均,用平均值分析温度在各方向上的分布趋势,基于图 7.17 中对表面织构影响摩擦温升热量传播过程的分析,进一步探讨表面织构影响摩擦温升的作用机理。

7.3.2.1　织构面积率的影响机理

不同面积率沟槽形织构及其对偶副的平均摩擦温度如图 7.18 所示。图中,实线表示织构在 X 和 Z 轴方向,虚线表示织构在 Y 轴方向和对偶副的平均温度。正方形、上三角形、下三角形分别表示初始 T_a、中间 T_m、接近稳态 T_s 时刻的平均温度。由图 7.18 可见,初始 T_a 时刻,增大织构面积率,平均温度均呈现下降趋势,原因是增加织构面积率引起织构区域增多,对流散热更多(图 7.17(a)中的分析),引起温升较低。摩擦中期的平均温度随着织构面积率增加,先升高后降低,这是由于织构面积率的增加,使织构表面的接触面积减小,热流密度增加(图 7.17(b)中的分析),这一方面会增加织构试样的温度,另一方面会增加向对偶副的热量分配 ΔQ_1 而相对降低织构试样的温度。这种相互竞争关系,导致了随着织构面积率增加,织构试样摩擦温升先低后高。

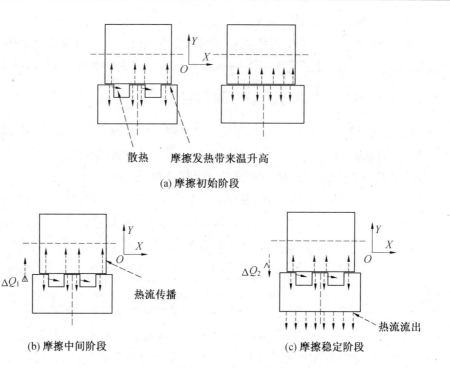

（a）摩擦初始阶段

（b）摩擦中间阶段　　　　　　　　（c）摩擦稳定阶段

图 7.17　表面织构影响摩擦温升的过程示意图

图 7.18(b)中 T_s 时刻,55％面积率与68％面积率织构温升差异小于 T_m 时刻二者的差异,可以说明 7.17(c)中注入织构试样的热量 ΔQ_2,减少了这种差异,使温度在界面达到了动态平衡。由图中摩擦对偶副的平均温度可见,T_m 阶段织构面积率从43％继续增加时,虽然织构试样的平均温度降低,但是其对偶摩擦副的平均温度却有所增加,这是 ΔQ_1 的作用。在 T_s 时刻,对偶摩擦副的平均温度相对又有所降低,这是 ΔQ_2 的作用结果。

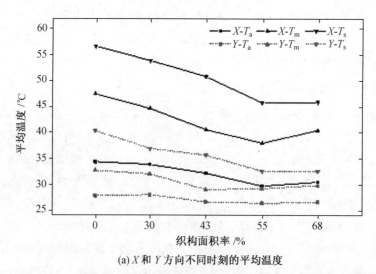

（a）X 和 Y 方向不同时刻的平均温度

图 7.18　相同条件下不同面积率织构及其对偶副的平均摩擦温度

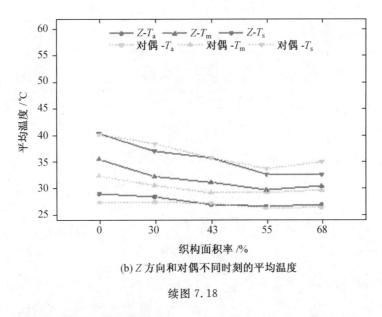

(b) Z 方向和对偶不同时刻的平均温度

续图 7.18

7.3.2.2　织构宽度的影响机理

不同织构宽度（织构面积率和深度相同）的沟槽形表面织构，在 X、Y、Z 轴方向及其对偶副上的平均温度如图 7.19 所示。由上文的分析可知，由于织构面积率和深度相等，织构区域对摩擦温升的散热作用基本一致，故图中初期 T_a 时刻的摩擦温升基本不变。而中期和后期由于面积率相等，热流密度基本相等，图 7.17(b) 和 (c) 分析的织构对温升的影响也不存在，故温升也不会有太大差别。而图 7.19 中不同宽度织构的平均温度在 T_m 和 T_s 时刻变化的原因，是织构宽度的变化引起热量的传导发生了改变，但是差别仍然较小。

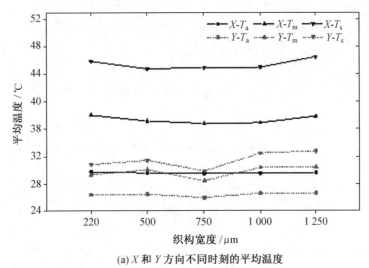

(a) X 和 Y 方向不同时刻的平均温度

图 7.19　相同条件下不同宽度织构及其对偶副的平均温度

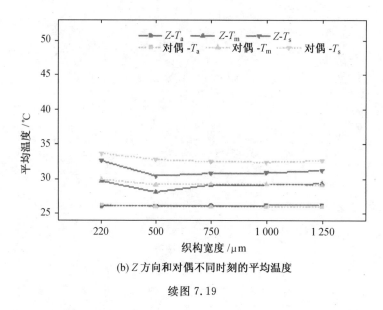

(b)Z方向和对偶不同时刻的平均温度

续图 7.19

7.3.2.3　织构深宽比的影响机理

如图 7.20 所示为不同深宽比(织构面积率和宽度相同)表面织构,在 X、Y、Z 三个方向及其对偶摩擦副上的平均温度。由图可见,增加织构深宽比,平均温度有所降低,但继续增加深宽比,温度又会上升。如图 7.21 所示,织构深度增加,意味着单个织构区域的面积增大,散热空间增加,从这个意义上讲织构温度会降低。但是,深度继续增加又会让织构接触界面较多的热量更深地传入试样内部,而且不能及时得到横向(X 轴方向)的传导降温,因此,又会表现出较高温度。

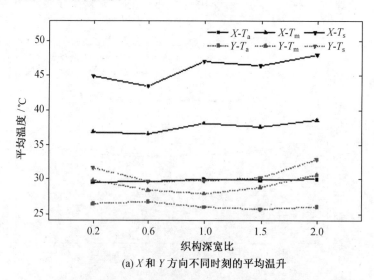

(a)X 和 Y 方向不同时刻的平均温升

图 7.20　相同条件下不同深宽比织构及其对偶副的平均摩擦温升

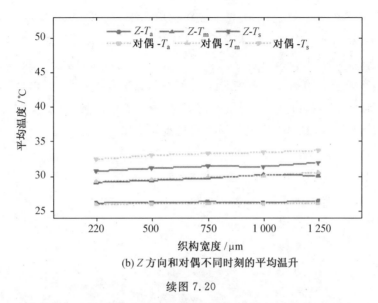

(b) Z 方向和对偶不同时刻的平均温升

续图 7.20

如图 7.21(b)所示,对偶副的平均温度随相对应试样的织构深度增加而上升,这是由于较深织构的表面温度增加,导致摩擦中输入对偶副的热量增加,对偶副的摩擦温升有所上升。

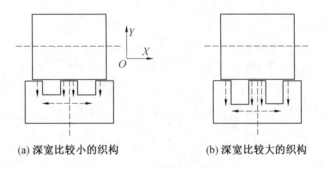

(a) 深宽比较小的织构　　　　　(b) 深宽比较大的织构

图 7.21　织构深宽比影响摩擦温升的示意

上述机理讨论总结如下:在不同的摩擦阶段,表面织构影响摩擦温升的主要原因不同;在摩擦初期主要是织构区域散热,摩擦中间阶段主要是向对偶副热量分配,摩擦稳定阶段是织构试样底部更多的热量流失。

7.4　本章小结

本章运用有限元方法,建立了表面织构摩擦温升的计算模型,计算了不同面积率、宽度和深宽比表面织构的摩擦温度分布;设计实验验证了温升计算模型与结果;讨论了表面织构影响摩擦温升的机理。得到以下结论:

(1)相同摩擦条件下,织构面积率是影响摩擦温升的主要因素。随着面积率增加,织构摩擦温升在摩擦初期和中期均呈现出先降低再增高的趋势,在稳态时随着织构面积率进一步增加,织构摩擦温升不再明显增加。织构面积率一定时,织构宽度、深宽比对摩擦温升的影响不显著,随着织构宽度和深宽比的增加,织构摩擦温升表现为先略降低后再增高。

(2)验证实验显示,测量的摩擦温升值与模型计算值基本一致,变化趋势上也基本吻合,模型能够描述表面织构摩擦温升的变化规律;表面织构影响摩擦温升的主要原因是织构区域散热,织构对热流分配的改变,系统热量流失增加。

第8章 不同摩擦工况下表面织构对摩擦温升的影响

上一章建立了表面织构摩擦温升计算模型,研究了具有不同参数的沟槽形表面织构摩擦温升的变化规律及其作用机理。本章在此基础上研究摩擦速度、法向载荷、摩擦配副材料等摩擦工况条件变化时,表面织构摩擦温升的变化规律。同时,设计正交实验,在不同织构参数、摩擦速度、法向载荷和摩擦配副的条件下,测量摩擦温升,验证计算模型,进一步探讨摩擦工况改变导致表面织构摩擦温升变化的原因。

8.1 不同摩擦工况下表面织构的摩擦温升计算

由上一章摩擦温升计算控制方程式(7.2)至(7.8)可知,影响摩擦温升变化的因素众多,除了表面织构的设计外,法向载荷、摩擦速度以及摩擦副材料的热力学和机械性能等,都将影响摩擦温升的计算结果。因此,本节研究摩擦工况条件对表面织构摩擦温升计算结果的影响。首先,改变摩擦速度,研究不同面积率织构的摩擦温升变化情况;其次,改变法向载荷,研究不同面积率织构摩擦温升的变化情况;最后,改变摩擦配副材料,研究表面织构摩擦温升变化情况。

8.1.1 改变摩擦速度

上一章对表面织构参数影响摩擦温升的研究表明,织构面积率对摩擦温升的影响较大,因此,研究速度对表面织构温升的影响时,选用不同面积率织构,分别在 50 mm/s、100 mm/s、500 mm/s 和 1 000 mm/s,四种摩擦速度下计算沟槽形表面织构摩擦温升的影响,具体参数见表 8.1。

表 8.1 摩擦速度对摩擦温升影响的计算参数

编号	织构尺寸			摩擦工况		摩擦配副
	宽度/μm	深度/μm	织构面积率/%	速度	载荷/(N·mm^{-1})	
T1-68(2)	220	150	68	分别在 50 mm/s、100 mm/s、500 mm/s 和 1 000 mm/s 速度下计算	4.76	45 钢-304 不锈钢
T1-55(2)	220	150	55		4.76	
T1-43(2)	220	150	43		4.76	
T1-30(2)	220	150	30		4.76	
UN(2)	0	0	0		4.76	

注:以 T1-68(2)为例,对表中织构编号加以说明,68 表示织构面积率百分数,(2)表示第 2 组计算。

8.1.1.1 X 轴方向温升

利用上一章的摩擦温升计算模型,计算不同速度下表面织构的摩擦温升。图 8.1(a)～(d)
分别为 50 mm/s、100 mm/s、500 mm/s 和 1 000 mm/s 速度下,初始 T_a 时刻不同织构在
X 轴方向的摩擦温度分布情况。可见,随着速度增加,摩擦温升迅速增高。但不同速度
下,均存在随织构面积率增加,温度先降低后增高的趋势。较高速度下,不同面积率织构
的摩擦温升表现出更大差异。

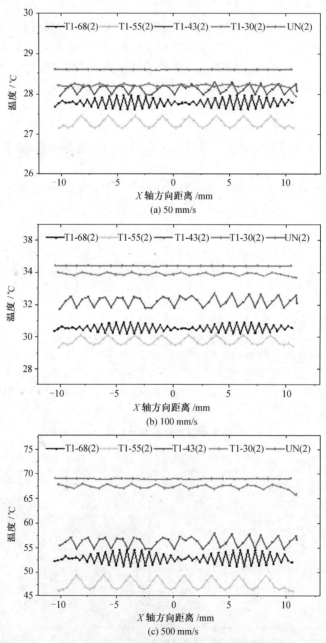

(a) 50 mm/s

(b) 100 mm/s

(c) 500 mm/s

图 8.1 T_a 时刻不同速度下表面织构在 X 轴方向的温升计算结果

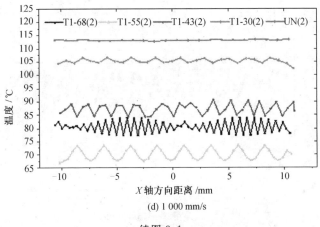

(d) 1 000 mm/s

续图 8.1

图 8.2 为 T_m 时刻,不同速度下 X 轴方向的摩擦温升,与图 8.1 的不同在于,68% 面积率的织构 T1-68(2) 在不同摩擦速度下温度波动较大,且表现出更高的温升。

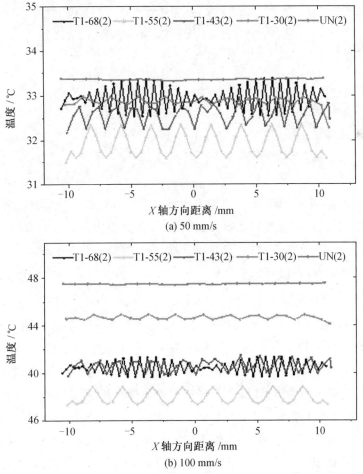

(a) 50 mm/s

(b) 100 mm/s

图 8.2　T_m 时刻不同速度下表面织构在 X 轴方向的温升计算结果

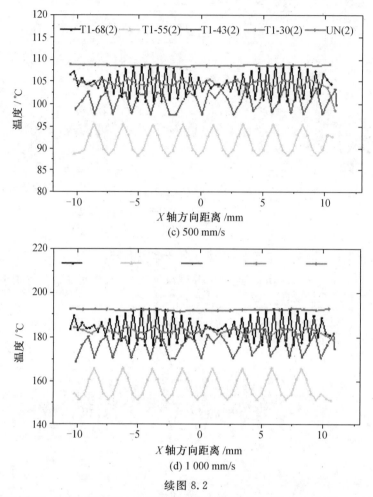

(c) 500 mm/s

(d) 1 000 mm/s

续图 8.2

到达 T_s 时刻后,在不同速度下 X 轴方向的摩擦温升如图 8.3 所示。可见,不同速度下织构对摩擦温升的影响规律表现得更加明晰,即随着织构面积率增加,温度先降低后增高,在 1 000 mm/s(最高速度)时,不同面积率织构间摩擦温升差异最大。

8.1.1.2　Y 轴方向温升

图 8.4(a)～(d)分别为速度 50 mm/s、100 mm/s、500 mm/s 和 1 000 mm/s 下,T_a 时刻不同面积率织构在 Y 轴方向的摩擦温升。可见速度增大不仅使摩擦温升的值迅速增加,而且也会增加各织构在 Y 轴方向温升的差异。不同速度下,68%和 55%面积率织构的温度最低,且二者差别不大,其他织构随着面积率减少摩擦温升不断增加。

图 8.5 为 T_m 时刻,在不同速度下 Y 轴方向的摩擦温升,相比于图 8.4 的初始时刻,各织构摩擦温升规律基本相同,不同面积率织构之间的温升差异比初始 T_a 时刻更大。

到达 T_s 时刻后,在不同速度下 Y 轴方向的摩擦温升如图 8.6 所示,与先前两个时刻不同的是,68%面积率织构 T1-68(2)与 55%面积率织构 T1-55(2)温升不再相当,68%面积率织构呈现出更低的摩擦温升。

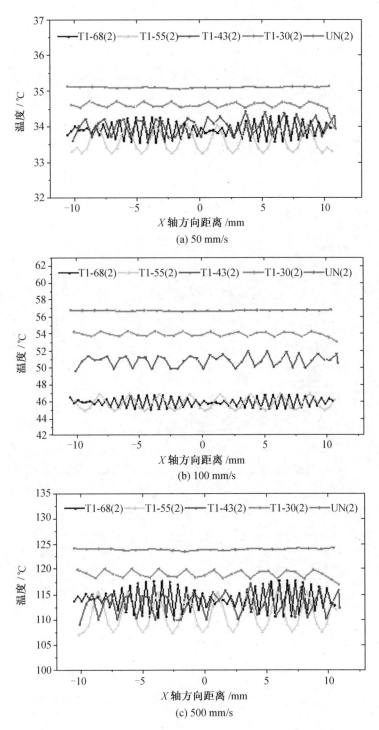

图 8.3　T_s 时刻不同速度下表面织构在 X 轴方向的温升计算结果

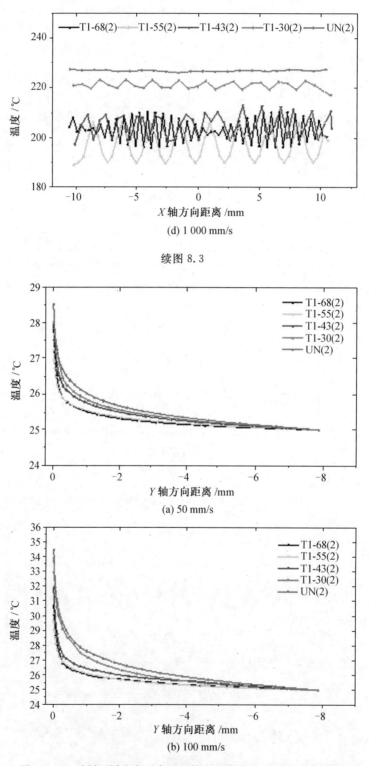

(d) 1 000 mm/s

续图 8.3

(a) 50 mm/s

(b) 100 mm/s

图 8.4　T_a 时刻不同速度下表面织构在 Y 轴方向的温升计算结果

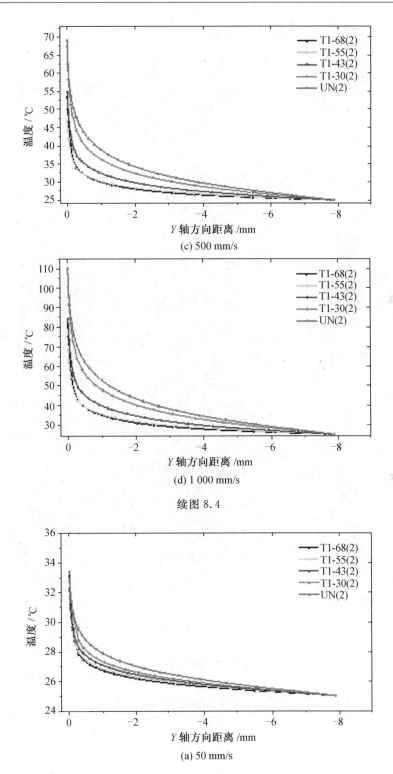

(c) 500 mm/s

(d) 1 000 mm/s

续图 8.4

(a) 50 mm/s

图 8.5　T_m 时刻不同速度下表面织构在 Y 轴方向的温升计算结果

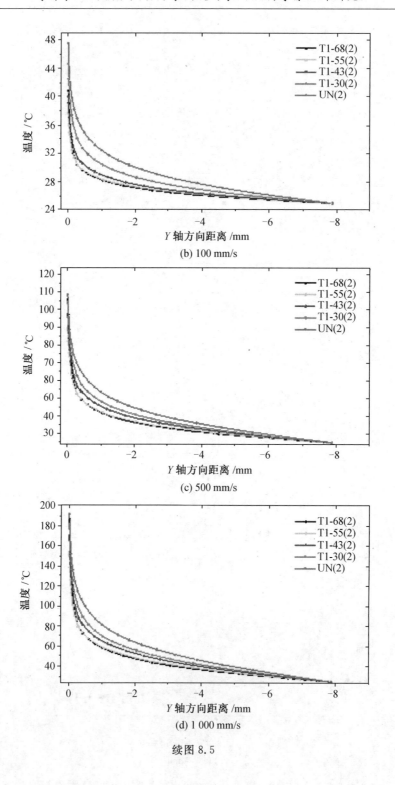

(b) 100 mm/s

(c) 500 mm/s

(d) 1 000 mm/s

续图 8.5

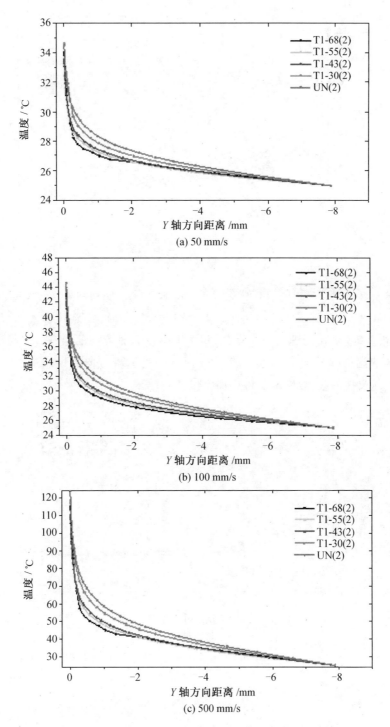

(a) 50 mm/s

(b) 100 mm/s

(c) 500 mm/s

图 8.6　T_s 时刻不同速度下表面织构在 Y 轴方向的温升计算结果

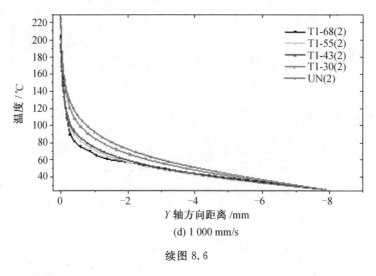

(d) 1 000 mm/s

续图 8.6

8.1.1.3　Z 轴方向温升

图 8.7(a)～(d)至图 8.9(a)～(d)分别为,三个时刻在 50 mm/s、100 mm/s、500 mm/s和1 000 mm/s 速度下,不同面积率织构在 Z 轴方向的温升。不同面积率织构在 Z 轴方向的温升分布规律,在各时刻下分别与上述 Y 轴方向的规律基本一致,只是随着坐标位置远离接触区,温度降低得更加缓慢。

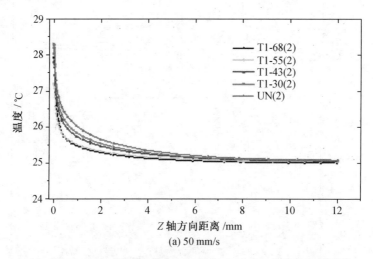

(a) 50 mm/s

图 8.7　T_a 时刻不同速度下表面织构在 Z 轴方向的温升计算结果

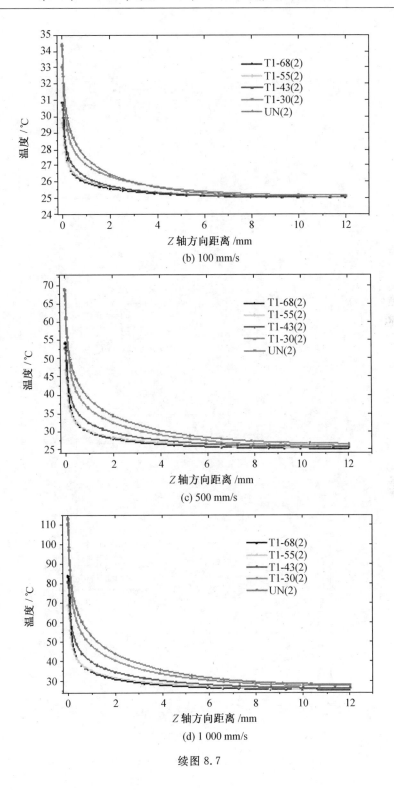

(b) 100 mm/s

(c) 500 mm/s

(d) 1 000 mm/s

续图 8.7

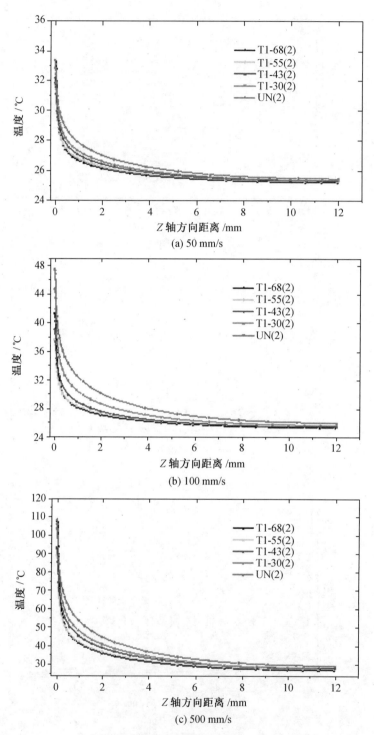

(a) 50 mm/s

(b) 100 mm/s

(c) 500 mm/s

图 8.8　T_m 时刻不同速度下表面织构在 Z 轴方向的温升计算结果

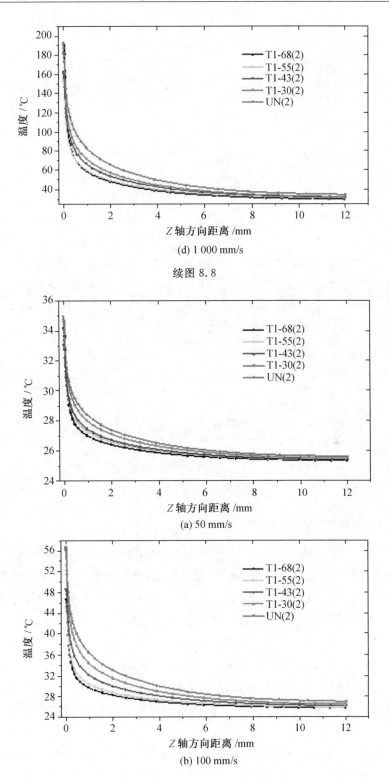

(d) 1 000 mm/s

续图 8.8

(a) 50 mm/s

(b) 100 mm/s

图 8.9　T_s 时刻不同速度下表面织构在 Z 轴方向的温升计算结果

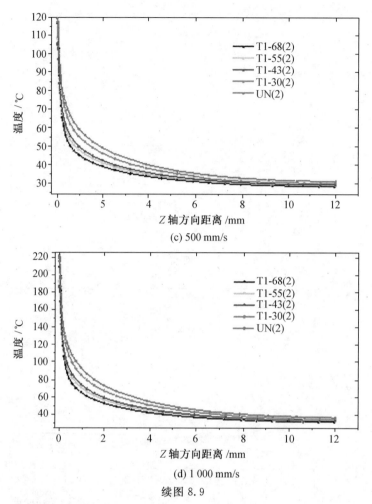

(c) 500 mm/s

(d) 1 000 mm/s

续图 8.9

8.1.1.4　摩擦对偶副的温升

图 8.10(a)～(d)分别为 50 mm/s、100 mm/s、500 mm/s 和 1 000 mm/s 速度下，T_a 时刻不同面积率织构对偶摩擦副的温度分布。可见，速度较低时，与 30% 面积率织构试样对偶的摩擦副温度最低，与未织构（面积率为 0）试样对偶的摩擦副温度最高。随速度增加，与 55% 面积率织构试样对偶的摩擦副温度变为最低，而与未织构试样对偶摩擦副温升始终最高。

图 8.11 为 T_m 时刻，对偶摩擦副在不同速度下的温度分布。可见，在较低速度和较高速度时，不同面积率织构对偶摩擦副温度出现了交叉，即在靠近和远离接触区（坐标原点）的温升变化大小有所不同。与未织构试样对偶摩擦副在靠近接触区附近表现出较高温度。

到达 T_s 时刻后，对偶摩擦副的摩擦温升如图 8.12 所示。随着速度增加，与不同面积率织构试样对偶摩擦副之间的温度差别变大。在较高速度时，与 55% 面积率织构试样对偶的摩擦副温度最低，与未织构试样对偶的摩擦副温升始终最高。

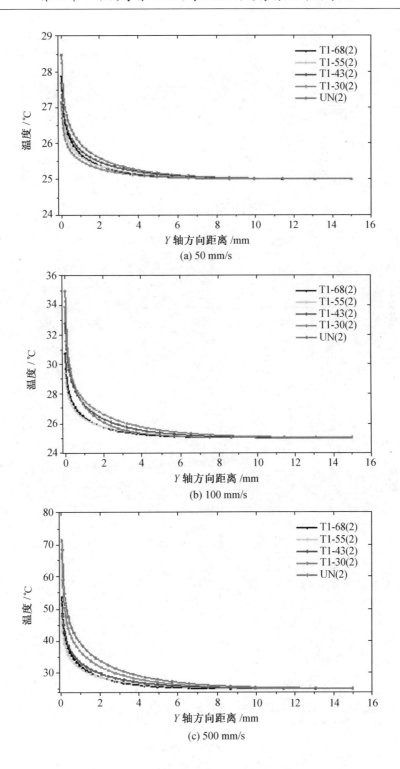

(a) 50 mm/s

(b) 100 mm/s

(c) 500 mm/s

图 8.10　T_a 时刻不同速度下表面织构对偶摩擦副的温升计算结果

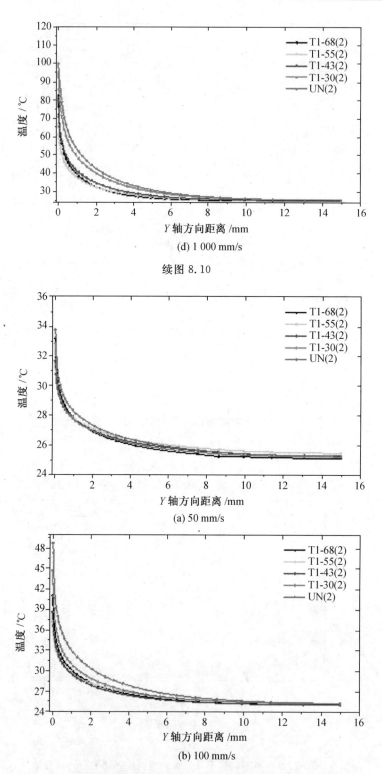

(d) 1 000 mm/s

续图 8.10

(a) 50 mm/s

(b) 100 mm/s

图 8.11　T_m 时刻不同速度下表面织构对偶摩擦副的温升计算结果

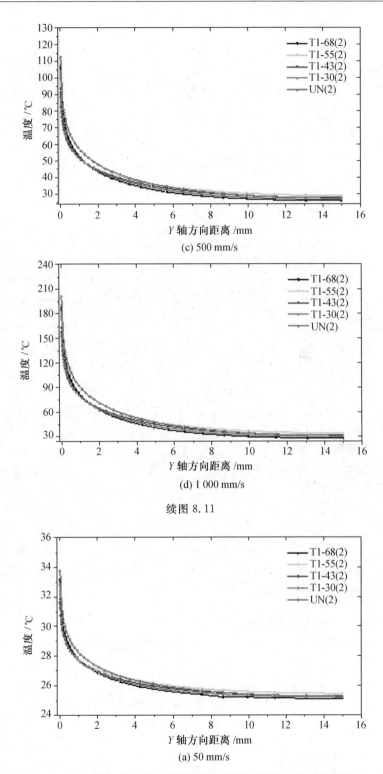

(c) 500 mm/s

(d) 1 000 mm/s

续图 8.11

(a) 50 mm/s

图 8.12　T_s 时刻不同速度下表面织构对偶摩擦副的温升计算结果

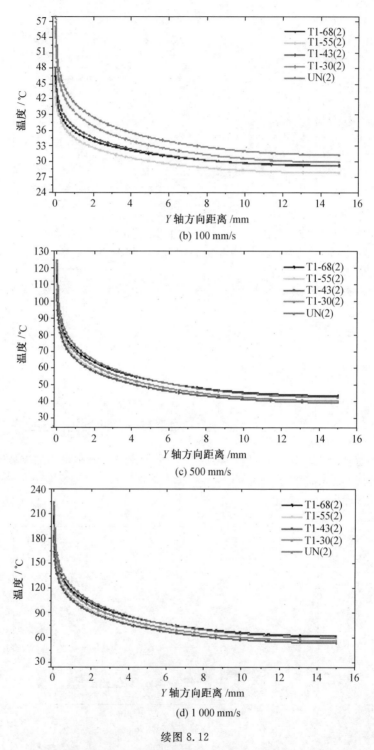

续图 8.12

由以上不同速度下的织构温升计算结果可知,摩擦速度增大使摩擦温升迅速增高;在不同摩擦速度下,随着织构面积率升高,织构试样的摩擦温升均表现为先降低再升高;但是,增加相同摩擦速度情况下,不同面积率织构的摩擦温升增加量不同。总体来讲,相比于未织构试样,增加摩擦速度,织构试样会减缓摩擦温升的进一步增加,55%面积率织构的温升降低效果最明显,在 50 mm/s、100 mm/s、500 mm/s 和 1 000 mm/s 速度下,在接触界面处最大温升降低量分别约为 4 ℃、11 ℃、21 ℃和 44 ℃。

8.1.2　改变法向载荷

为了研究法向载荷对沟槽形表面织构摩擦温升的影响,选用不同面积率织构,分别在 2.38 N/mm、4.76 N/mm、14.28 N/mm 和 23.8 N/mm 四种载荷下,计算表面织构摩擦温升,具体参数安排见表 8.2。

表 8.2　法向载荷影响摩擦温升的计算参数

编号	织构尺寸			摩擦工况		摩擦配副
	宽度/μm	深度/μm	织构面积率/%	速度/(mm·s⁻¹)	载荷/(N·mm⁻¹)	
T1-68(3)	220	150	68	100	分别在 2.38 N/mm、	
T1-55(3)	220	150	55	100	4.76 N/mm、	45 钢-
T1-43(3)	220	150	43	100	14.28 N/mm、	304 不锈钢
T1-30(3)	220	150	30	100	23.8 N/mm 载荷	
UN(3)	0	0	0	100	下计算	

注:以 T1-68(3) 为例,对表中织构编号加以说明,68 表示织构面积率百分数,(3) 表示第 3 组计算。

与研究速度对织构摩擦温升的影响类似,使用上一章构建的模型计算不同载荷下表面织构的摩擦温升,在不同时刻拾取模型中节点的温度,绘制成图。

8.1.2.1　X 轴方向温升

如图 8.13(a)~(d)所示分别为 2.38 N/mm、4.76 N/mm、14.28 N/mm 和 23.8 N/mm 四种载荷在 T_a 时刻不同面积率织构在 X 轴方向的摩擦温升。可见,温升随织构面积率增加而先低再高的现象都存在,但是 68%面积率织构 T1-68(3) 在载荷从 2.38 N/mm 到 23.8 N/mm 的增加过程中,温升不断增加,当载荷进一步增加到 23.8 N/mm(最大)时,其温度的增加又有减缓趋势。

T_m 时刻,X 轴方向摩擦温升如图 8.14 所示。载荷增加过程中,68%面积率织构 T1-68(3) 的温度波动较大,其他织构之间基本遵循织构面积率升高,温度降低的规律。相比于初始时刻,不同织构呈现的摩擦温升差异更大。

到达近似稳态 T_s 时刻后,不同载荷下 X 轴方向的摩擦温升如图 8.15 所示。T_s 时刻不同载荷下各织构摩擦温升与中间时刻的摩擦温升规律基本一致。不同之处在于,68%面积率织构 T1-68(3) 在 14.28 N/mm 载荷下,摩擦温升较高,甚至超过未织构试样。

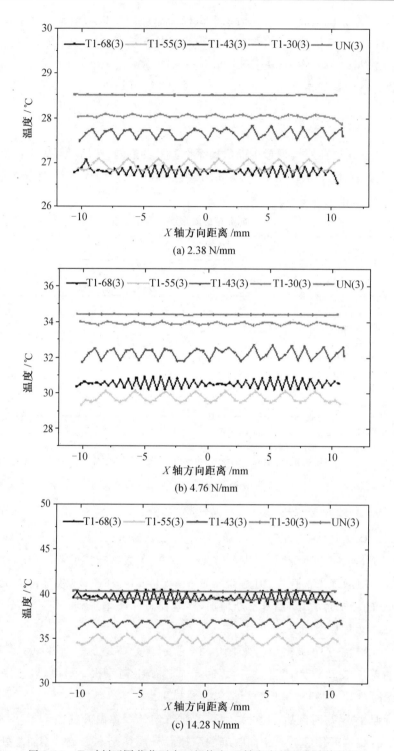

图 8.13 T_a 时刻不同载荷下表面织构在 X 轴方向的温升计算结果

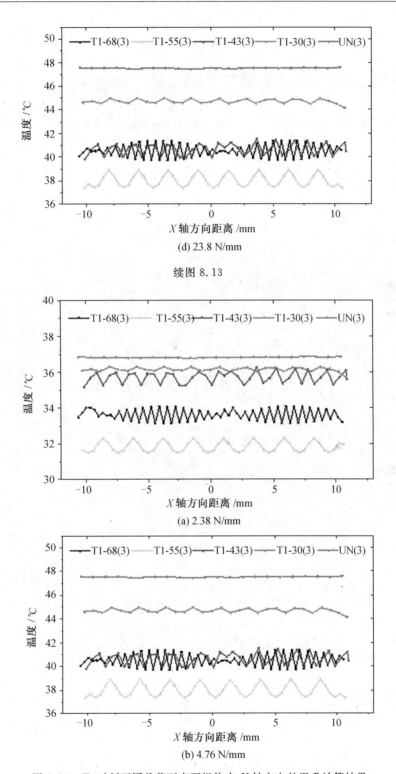

(d) 23.8 N/mm

续图 8.13

(a) 2.38 N/mm

(b) 4.76 N/mm

图 8.14　T_m 时刻不同载荷下表面织构在 X 轴方向的温升计算结果

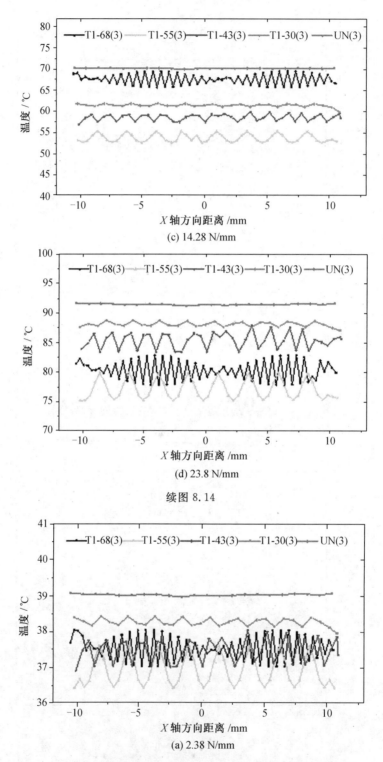

(c) 14.28 N/mm

(d) 23.8 N/mm

续图 8.14

(a) 2.38 N/mm

图 8.15　T_s 时刻不同载荷下表面织构在 X 轴方向的温升计算结果

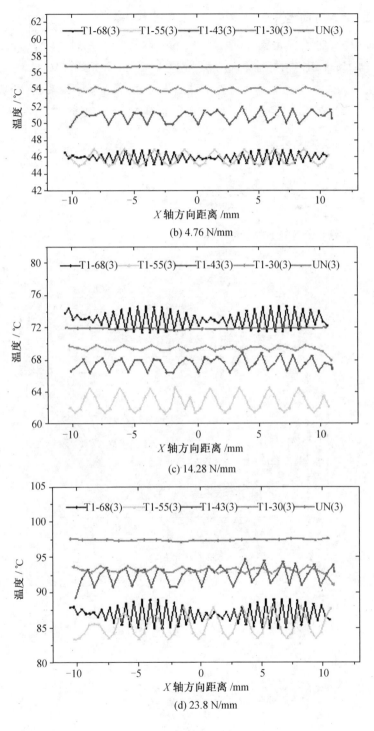

(b) 4.76 N/mm

(c) 14.28 N/mm

(d) 23.8 N/mm

续图 8.15

8.1.2.2　Y 轴方向温升

如图 8.16(a)~(d)分别是载荷为 2.38 N/mm、4.76 N/mm、14.28 N/mm 和 23.8 N/mm 在 T_a 时刻不同面积率织构在 Y 轴方向的摩擦温升。可见,除了图 8.16(c)中 14.28 N/mm 载荷的摩擦温升外,Y 轴方向织构摩擦温升均与织构面积率成反比关系,面积率越大,Y 轴方向温升越低。在载荷为 14.28 N/mm 时,55％面积率织构 T1-55(3) 具有最低温升。

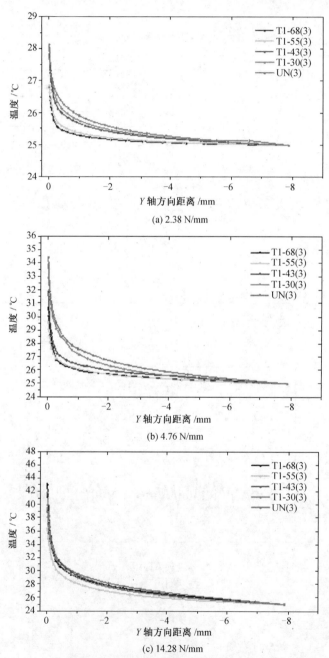

(a) 2.38 N/mm

(b) 4.76 N/mm

(c) 14.28 N/mm

图 8.16　T_a 时刻不同载荷下表面织构在 Y 轴方向的温升计算结果

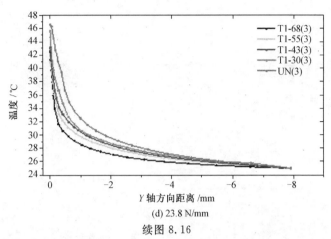

(d) 23.8 N/mm

续图 8.16

　　T_m 时刻不同载荷下 Y 轴方向的摩擦温升如图 8.17 所示，近似稳态 T_s 时刻不同载荷下 Y 轴方向的摩擦温升如图 8.18 所示。与初始时刻相比，这两个时刻的摩擦温升均有所上升，且不同面积率织构之间的温度差变大，但各织构摩擦温升在各载荷下的相对大小关系基本维持不变。

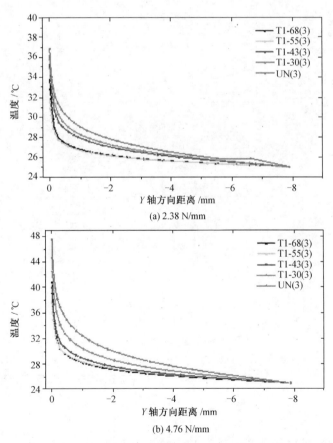

(a) 2.38 N/mm

(b) 4.76 N/mm

图 8.17　T_m 时刻不同载荷下表面织构在 Y 轴方向的温升计算结果

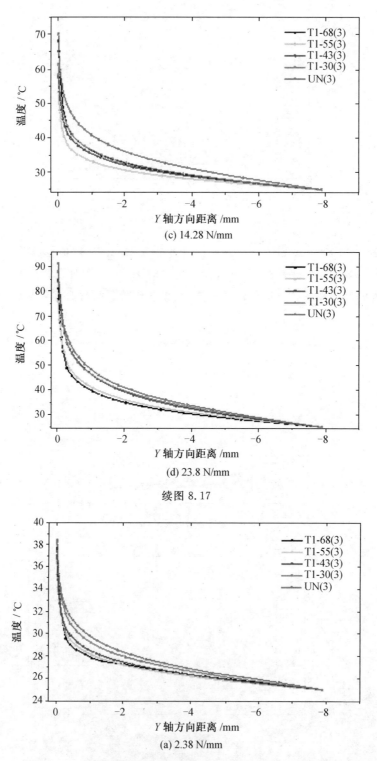

(c) 14.28 N/mm

(d) 23.8 N/mm

续图 8.17

(a) 2.38 N/mm

图 8.18　T_s 时刻不同载荷下表面织构在 Y 轴方向的温升计算结果

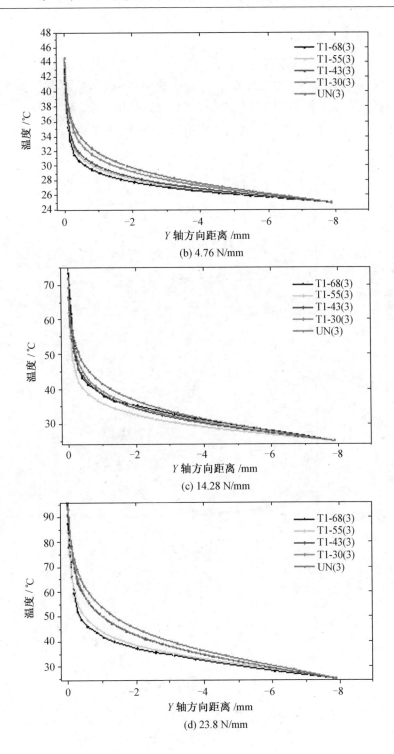

(b) 4.76 N/mm

(c) 14.28 N/mm

(d) 23.8 N/mm

续图 8.18

8.1.2.3　Z轴方向温升

　　图 8.19(a)～(d)分别是载荷为 2.38 N/mm、4.76 N/mm、14.28 N/mm 和 23.8 N/mm，T_a 时刻不同织构在 Z 轴方向的温升分布。可见，载荷增加到 14.28 N/mm 时，织构间摩擦温升的分布差异减小，且 55% 面积率织构在 Z 轴方向温升最低。载荷增加到 23.8 N/mm，织构间温升的差别又变大，此时 68% 面积率织构的摩擦温升最低。

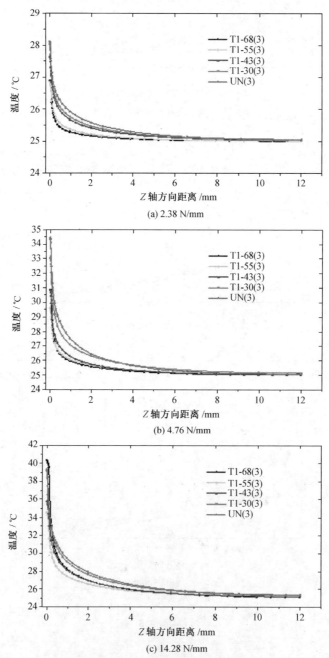

(a) 2.38 N/mm

(b) 4.76 N/mm

(c) 14.28 N/mm

图 8.19　T_a 时刻不同载荷下表面织构在 Z 轴方向的温升计算结果

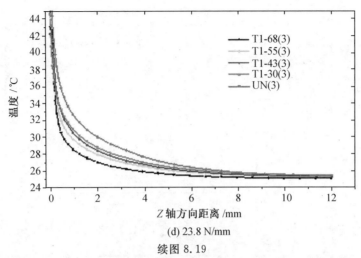

(d) 23.8 N/mm

续图 8.19

　　图 8.20 和图 8.21 分别是 T_m 和 T_s 时刻各织构在 Z 轴方向的摩擦温升分布。由图可见,不同面积率织构随载荷增加,总体的温升值都在不断升高,但表现的相互间温升关系与 T_a 时刻基本一致。

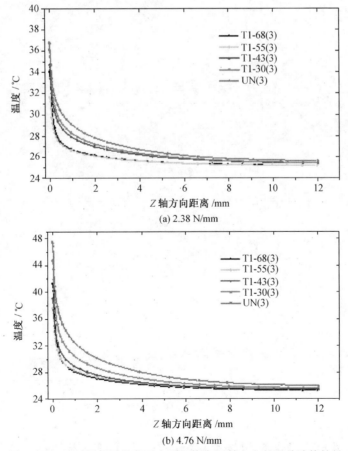

(a) 2.38 N/mm

(b) 4.76 N/mm

图 8.20　T_m 时刻不同载荷下表面织构在 Z 轴方向的温升计算结果

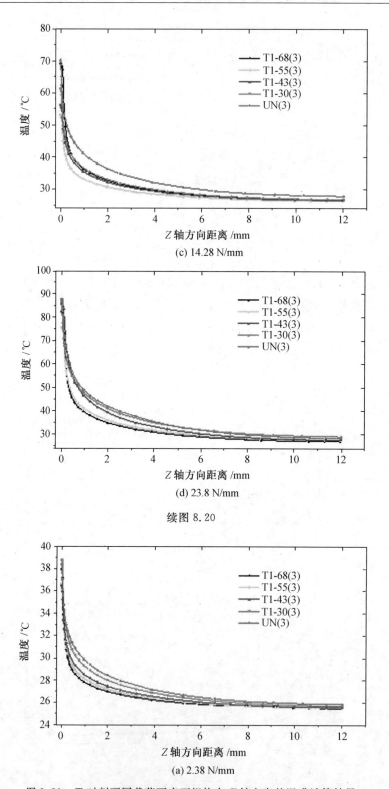

(c) 14.28 N/mm

(d) 23.8 N/mm

续图 8.20

(a) 2.38 N/mm

图 8.21　T_s 时刻不同载荷下表面织构在 Z 轴方向的温升计算结果

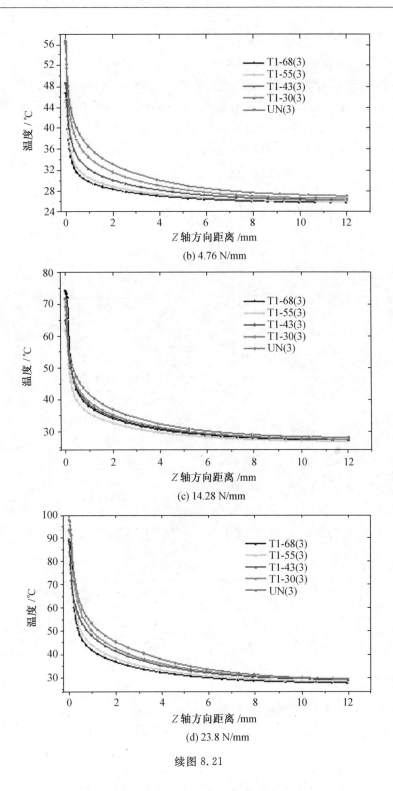

(b) 4.76 N/mm

(c) 14.28 N/mm

(d) 23.8 N/mm

续图 8.21

8.1.2.4　摩擦对偶副的温升

图 8.22(a)～(d)分别是载荷为 2.38 N/mm、4.76 N/mm、14.28 N/mm 和 23.8 N/mm，T_a 时刻不同面积率表面织构对偶摩擦副的温升。可见，在较低载荷时，与 55％面积率织构对偶摩擦副的温度最低，但当载荷增加到 23.8 N/mm 时，与 68％面积率织构对偶摩擦副的温度变为最低；在最小载荷(2.38 N/mm)时，与未织构试样对偶摩擦副的温升最高，载荷增加后，逐渐变为与 30％面积率织构对偶的摩擦副的温度最高。

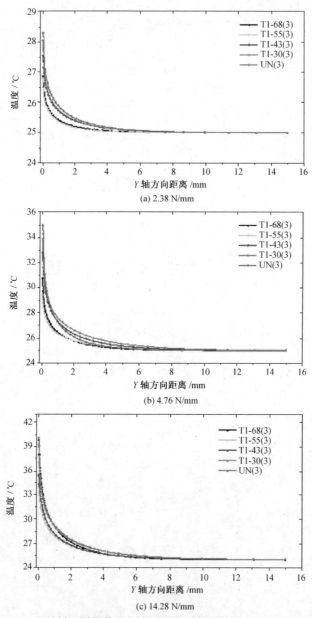

(a) 2.38 N/mm

(b) 4.76 N/mm

(c) 14.28 N/mm

图 8.22　T_a 时刻不同载荷下与表面织构对偶摩擦副的温升计算结果

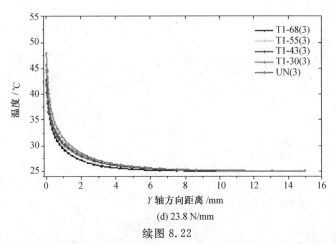

(d) 23.8 N/mm

续图 8.22

　　图 8.23 为 T_m 时刻不同载荷下织构试样对偶摩擦副的温升,相比于图 8.22 的初始时刻,与 55%面积率织构对偶摩擦副的摩擦温升,在各载荷下均处于较低水平,载荷增大到 14.28 N/mm 时,与 68%面积率织构对偶摩擦副的温度明显升高。

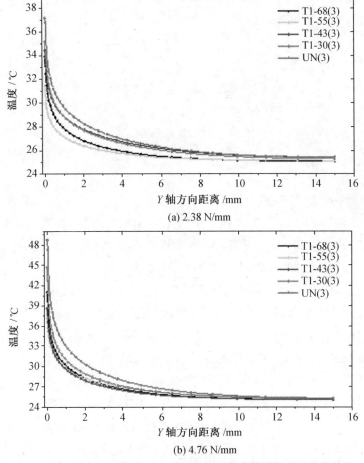

(a) 2.38 N/mm

(b) 4.76 N/mm

图 8.23　T_m 时刻不同载荷下与表面织构对偶摩擦副的温升计算结果

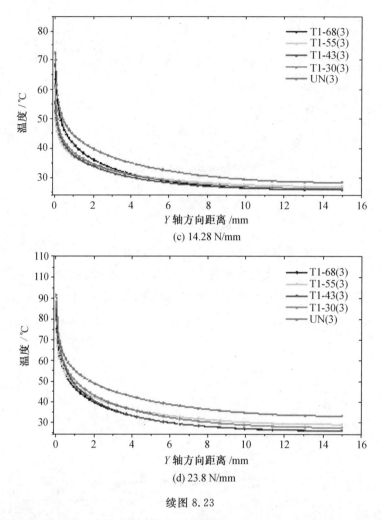

(c) 14.28 N/mm

(d) 23.8 N/mm

续图 8.23

T_s 时刻不同载荷下织构试样对偶摩擦副的摩擦温升如图 8.24 所示。由图 8.24(a)～(c) 可知,在前三个载荷作用下,与 55% 面积率织构对偶摩擦副的温度均处于较低水平;载荷增加至 23.8 N/mm 时,与 68% 面积率织构对偶摩擦副的温度均较低。在所有载荷中,相比于 T_a 与 T_m 时刻,与未织构试样对偶摩擦副的温度更高。

不同法向载荷下织构摩擦温升的计算结果表明,增加法向载荷导致摩擦温升迅速增高。但是,相比于速度的影响,在增加相同倍数时,载荷变大导致的温升增加幅度更小,且不同面积率织构间的温度差异更小。原因主要是载荷在增加摩擦功输入的同时还会改变摩擦接触状态和接触面积,热流密度的变化不如速度增加时显著。载荷增加过程中,相比于未织构试样,大部分情况下,织构会降低摩擦温升,降低的幅度因载荷和接触状态而不同。随着织构面积率增加,织构摩擦温升先减小再增加,但面积率进一步增加到 68% 时,温升在不同载荷下表现较大的变化和波动。与未织构试样相比,在 2.38 N/mm、4.76 N/mm、14.28 N/mm 和 23.8 N/mm 的载荷下,织构试样在接触界面(X 轴方向)处最大温升降低量分别约为 7 ℃、11 ℃、19 ℃和 17 ℃。

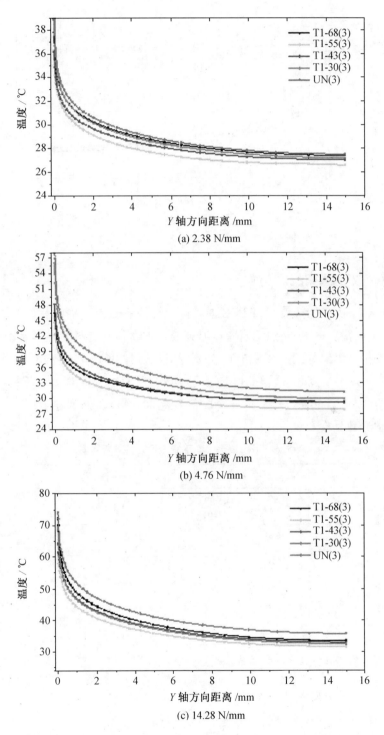

(a) 2.38 N/mm

(b) 4.76 N/mm

(c) 14.28 N/mm

图 8.24　T_s 时刻不同载荷下与表面织构对偶摩擦副的温升计算结果

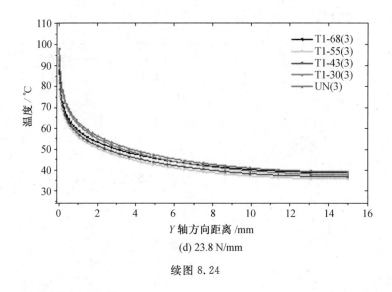

(d) 23.8 N/mm

续图 8.24

8.1.3 改变摩擦配副材料

选用 45 钢、304 不锈钢、Al、PTFE 四种热学性能有较大差别的材料作为摩擦副,研究不同摩擦副的配合下,表面织构对摩擦温升的影响。各种材料的热学和机械性能见表 6.1。分别安排 6 组配对:下试样 45 钢,分别配对上试样 304 不锈钢(表示为 45-304)、上试样 Al(表示为 45-Al)和上试样 PTFE(表示为 45-PTFE);下试样 304 不锈钢,分别配对上试样 45 钢(表示为 304-45)、上试样 Al(表示为 304-Al)和上试样 PTFE(表示为 304-PTFE),具体参数见表 8.3。

表 8.3 不同摩擦配副下摩擦温升的计算参数

| 编号 | 织构尺寸 | | | 摩擦工况 | | 摩擦配副 |
	宽度/μm	深度/μm	织构面积率/%	速度/(mm·s^{-1})	载荷/(N·mm^{-1})	
T1-68(4)	220	150	68	100	4.76	分别在 45-304,
T1-55(4)	220	150	55	100	4.76	45-Al, 45-PTFE,
T1-43(4)	220	150	43	100	4.76	304-45, 304-Al,
T1-30(4)	220	150	30	100	4.76	304-PTFE 配副
UN(4)	0	0	0	100	4.76	下计算

注:以 T1-68(4)为例,对表中织构编号加以说明,68 表示织构面积率百分数,(4)表示第 4 组计算。

8.1.3.1 X 轴方向温升

摩擦配副材料的变化与时间的关系不大,故此部分仅研究近似稳态 T_s 时刻下不同面积率表面织构的摩擦温升变化情况。图 8.25(a)~(f)分别为 45-304、45-Al、45-PTFE、304-45、304-Al 和 304-PTFE 的摩擦配副下,不同面积率沟槽形表面织构在 X 轴方向的摩擦温升。可见,不同摩擦配副下,表面织构摩擦温升明显不同。Al 作为上试样配副时,表面织构摩擦温升最低;PTFE 作为上试样配副时,表面织构摩擦温升最高。在不同摩擦配副下,织构摩擦温升随面积率增加,先低再高的趋势仍然存在,但是,略有不同的是:以 PTFE 作为上试样配副时,43%面积率的织构摩擦温升最低,而其他两种材料作为上试样配副时,55%面积率织构的摩擦温升最低;以 PTFE 作为上试样配副时,68%面积率的织构表现了更高的摩擦温升。

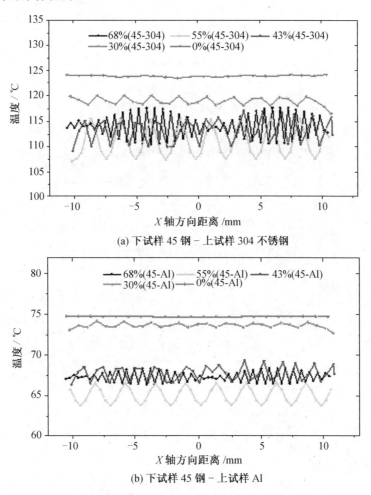

(a) 下试样 45 钢 – 上试样 304 不锈钢

(b) 下试样 45 钢 – 上试样 Al

图 8.25　T_s 时刻不同摩擦配副下表面织构在 X 轴方向的温升计算结果

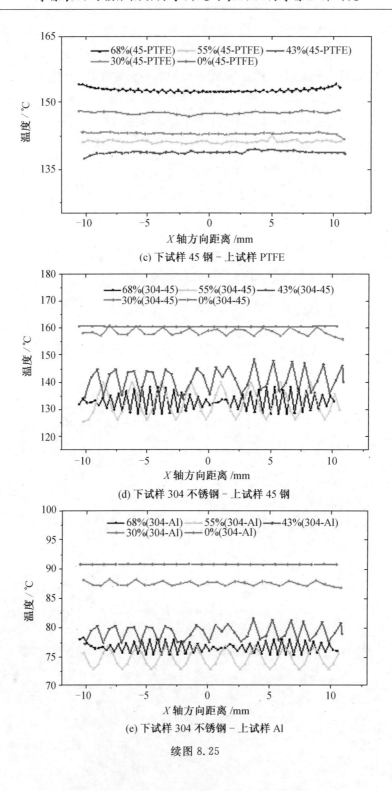

(c) 下试样 45 钢 - 上试样 PTFE

(d) 下试样 304 不锈钢 - 上试样 45 钢

(e) 下试样 304 不锈钢 - 上试样 Al

续图 8.25

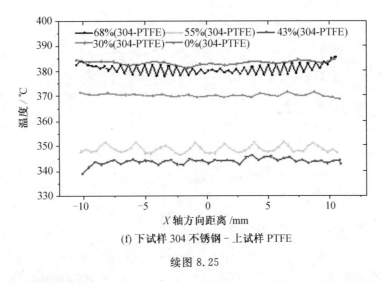

(f) 下试样 304 不锈钢－上试样 PTFE

续图 8.25

8.1.3.2　Y 轴方向温升

图 8.26(a)～(f)分别为 45-304、45-Al、45-PTFE、304-45、304-Al 和 304-PTFE 摩擦配副下,各织构在 Y 轴方向的摩擦温升分布。可见,在不同摩擦配副下,织构摩擦温升都存在随面积率增加而减小的现象,温升变化具有较明显的规律性。

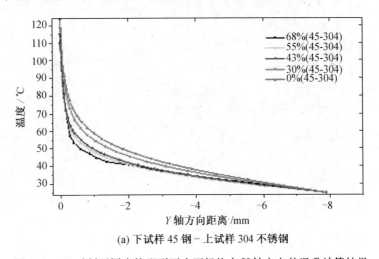

(a) 下试样 45 钢－上试样 304 不锈钢

图 8.26　T_s 时刻不同摩擦配副下表面织构在 Y 轴方向的温升计算结果

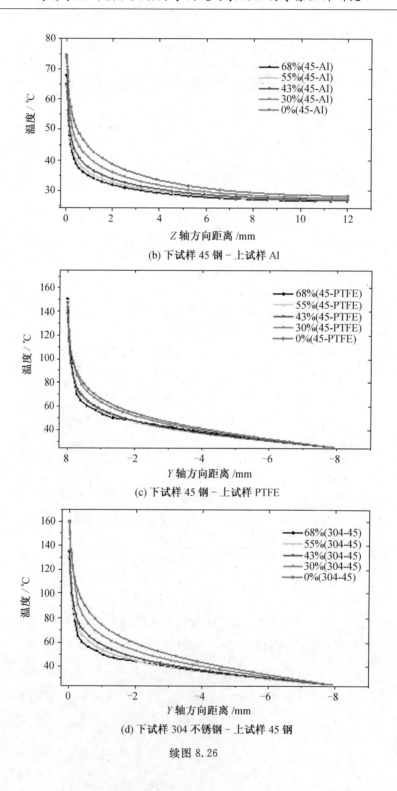

(b) 下试样 45 钢 - 上试样 Al

(c) 下试样 45 钢 - 上试样 PTFE

(d) 下试样 304 不锈钢 - 上试样 45 钢

续图 8.26

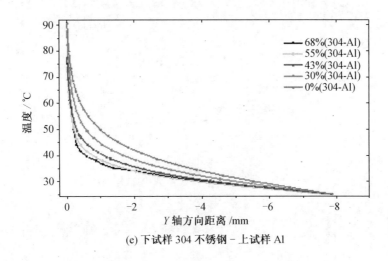

(e) 下试样 304 不锈钢 – 上试样 Al

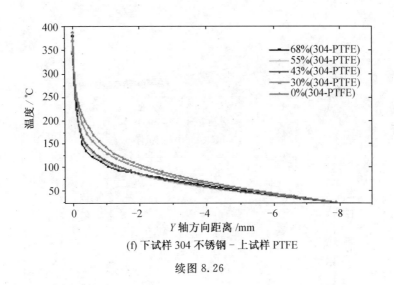

(f) 下试样 304 不锈钢 – 上试样 PTFE

续图 8.26

8.1.3.3 Z 轴方向温升

图 8.27(a)～(f)分别为 45-304、45-Al、45-PTFE、304-45、304-Al 和 304-PTFE 摩擦配副下,各织构在 Z 轴方向的摩擦温升。可见,除了(c)图 45-PTFE 的配对时,43% 面积率织构的摩擦温升略低外,其他织构的摩擦温升变化情况与 Y 轴方向基本相似。

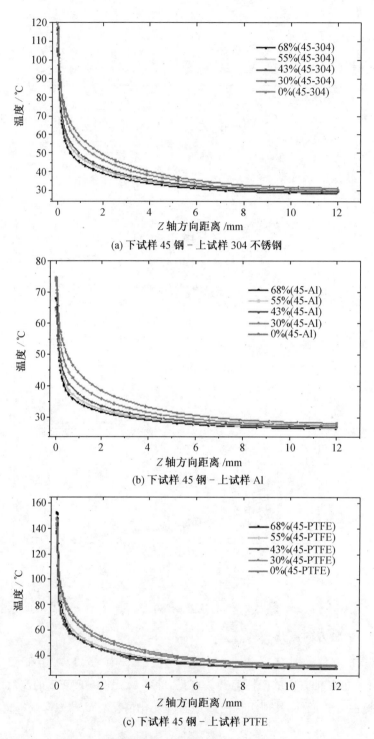

(a) 下试样 45 钢 – 上试样 304 不锈钢

(b) 下试样 45 钢 – 上试样 Al

(c) 下试样 45 钢 – 上试样 PTFE

图 8.27　T_s 时刻不同摩擦配副下表面织构在 Z 轴方向的温升计算结果

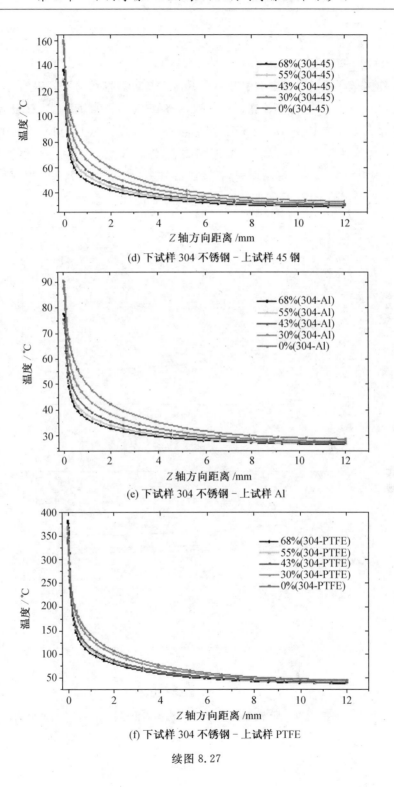

(d) 下试样 304 不锈钢－上试样 45 钢

(e) 下试样 304 不锈钢－上试样 Al

(f) 下试样 304 不锈钢－上试样 PTFE

续图 8.27

8.1.3.4　对偶摩擦副温升

图 8.28(a)～(f)分别为 45-304、45-Al、45-PTFE、304-45、304-Al 和 304-PTFE 摩擦配副下,与织构试样对偶摩擦副的温升。可见,45-304 配对时,与不同织构对偶摩擦副的温升差异最小;由于 Al 热导率较高,与 Al 配对的 45-Al 和 304-Al,远离接触区域(远离坐标原点)的温度变化梯度最小;与 PTFE 配对的 45-PTFE 和 304-PTFE 摩擦配副下,未织构试样的对偶摩擦副(PTFE)表现出异常的高温,织构面积率 68％的试样呈现出较高的对偶副摩擦温升。在六种不同摩擦配副材料下,与未织构试样对偶的摩擦副,其温升相对较高,与 55％面积率织构试样对偶的摩擦副,其温度相对较低。

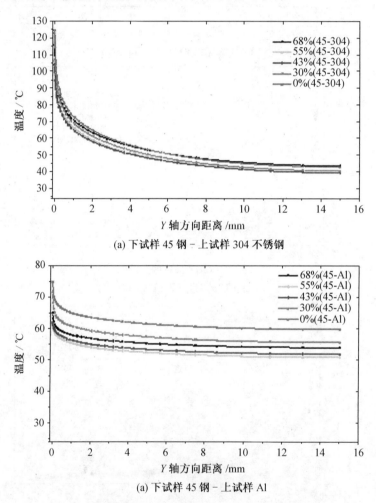

(a) 下试样 45 钢 – 上试样 304 不锈钢

(a) 下试样 45 钢 – 上试样 Al

图 8.28　T_s 时刻不同摩擦配副下与表面织构对偶摩擦副的温升计算结果

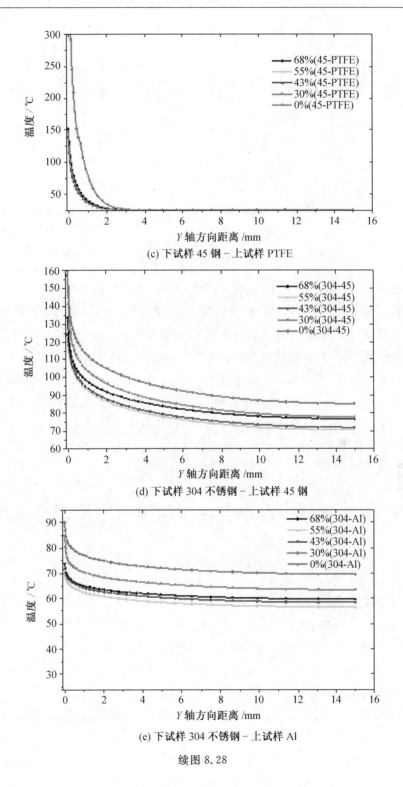

(c) 下试样 45 钢 – 上试样 PTFE

(d) 下试样 304 不锈钢 – 上试样 45 钢

(e) 下试样 304 不锈钢 – 上试样 Al

续图 8.28

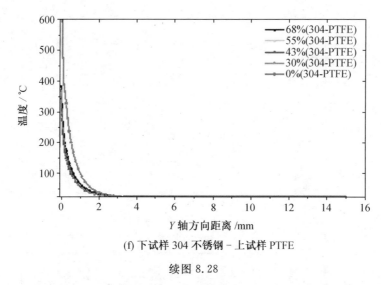

(f) 下试样 304 不锈钢 – 上试样 PTFE

续图 8.28

　　通过以上研究可知,摩擦配副材料变化,也能够引起不同沟槽形织构摩擦温升的变化。不同摩擦配副下,不同面积率织构在接触界面(X 轴方向)以及其摩擦对偶副的温升上表现出更明显的差异;各种配副下随织构面积率增加,摩擦温升均有先低再高的趋势,只是变化幅度不同;在 45-304、45-Al、304-45 和 304-Al 的四种配副下,55％面积率织构摩擦温升最低,与未织构试样相比,其在接触界面摩擦温升最大相差分别约为 15 ℃、11 ℃、35 ℃和 18 ℃;与热导率低的(PTFE)材料配对时(计算中为:304-PTFE、45-PTFE),43％面积率织构摩擦温升相对较低,相比于未织构试样摩擦温升的最大相差分别约为 6 ℃和26 ℃。

8.2　不同摩擦工况下表面织构影响摩擦温升的机理

8.2.1　不同摩擦速度下织构影响摩擦温升的机理探讨分析

　　图 8.29 所示为不同摩擦速度下,初始 T_a、中间 T_m 和接近稳态 T_s 时刻织构在 X 轴方向的平均温升。图中实线表示 50 mm/s 和 500 mm/s 摩擦速度,虚线表示 100 mm/s 和1 000 mm/s 摩擦速度;正方形、上三角形、下三角形分别表示 T_a、T_m 和 T_s 时刻的平均温升。图 8.30 和图 8.31 分别为对应的织构在 Y 轴方向和 Z 轴方向平均温升。如图所示,X、Y、Z 三个方向的平均温升变化规律基本相同,故放在一起进行分析。

　　由图 8.29 至图 8.31 可知,在较低速度下织构之间的平均温度差别不大,增加速度后,摩擦温度迅速升高且表现出显著差异,织构面积率增加,摩擦温升先低后高。较低速度时,由于摩擦热输入较少,不同面积率织构温升差别不大;摩擦速度增加,在接触界面的摩擦热增加。由上一章分析的织构面积率对摩擦温升影响的机理可知:较高的摩擦热使流入对偶摩擦副的热量 ΔQ_1 增加,对偶摩擦副温度迅速升高,导致织构试样的热量 ΔQ_2

增多,从而增加了热量从织构试样底部的流失;同时,较高速度下的较高温度,会增强织构的对流散热(因为对流参考温度为室温)作用,消耗更多的热量,因此增加摩擦速度,表面织构会进一步增加对摩擦温升的影响(降低)。

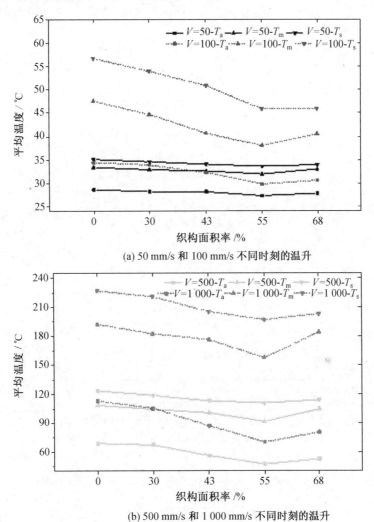

(a) 50 mm/s 和 100 mm/s 不同时刻的温升

(b) 500 mm/s 和 1 000 mm/s 不同时刻的温升

图 8.29　不同速度下表面织构在 X 轴方向的平均温升

不同摩擦速度下,与织构对偶摩擦副的平均温升,如图 8.32 所示。可见,较低速度下,摩擦功输入较少,对偶摩擦副的平均温度也相差不大。随速度增加,平均温升差别增大,且呈现出如下特征:随着织构面积率增加,在 T_a 时刻温度缓慢降低;在 T_m 时刻,温度迅速降低而后基本持平;在 T_s 时刻温度先显著下降后显著上升。此规律可用上一章描述的机理进行解释,摩擦中期,与较高面积率织构对偶的摩擦副,会被注入更多热量 ΔQ_1,受其作用,温度趋于平稳。摩擦稳定期,向织构试样分配的热量增加(ΔQ_2),系统形成动态平衡,对偶副的温度又呈现出类似织构(下试样)的温度变化趋势。

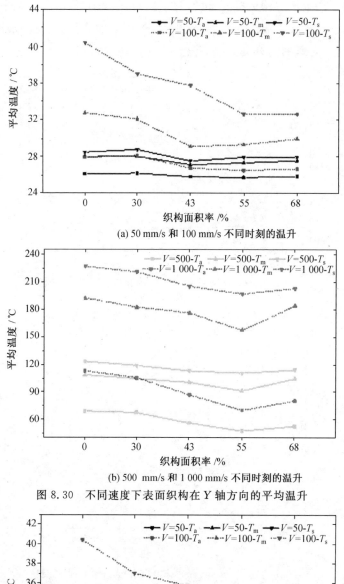

(a) 50 mm/s 和 100 mm/s 不同时刻的温升

(b) 500 mm/s 和 1 000 mm/s 不同时刻的温升

图 8.30　不同速度下表面织构在 Y 轴方向的平均温升

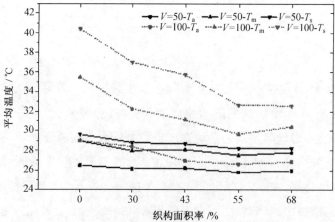

(a) 50 mm/s 和 100 mm/s 不同时刻的温升

图 8.31　不同速度下表面织构在 Z 轴方向的平均温升

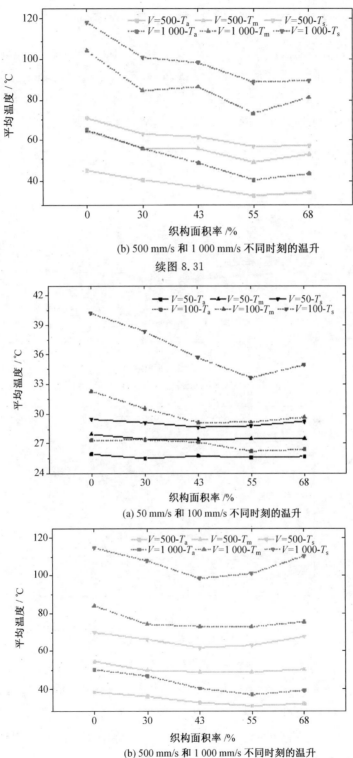

(b) 500 mm/s 和 1 000 mm/s 不同时刻的温升

续图 8.31

(a) 50 mm/s 和 100 mm/s 不同时刻的温升

(b) 500 mm/s 和 1 000 mm/s 不同时刻的温升

图 8.32　不同速度下表面织构对偶摩擦副的平均温升

8.2.2　不同法向载荷下织构影响摩擦温升的机理分析

图 8.33 所示为不同法向载荷下,初始 T_a、中间 T_m 和近似稳态 T_s 时刻,织构在 X 轴方向的平均温升。图中实线表示 2.38 N/mm 和 14.28 N/mm 载荷,虚线表示 4.76 N/mm 和 23.8 N/mm 载荷。正方形、上三角形、下三角形分别表示 T_a、T_m 和 T_s 时刻。图 8.34 至图 8.36 分别表示了织构在 Y、Z 轴方向和对偶副的平均温度。

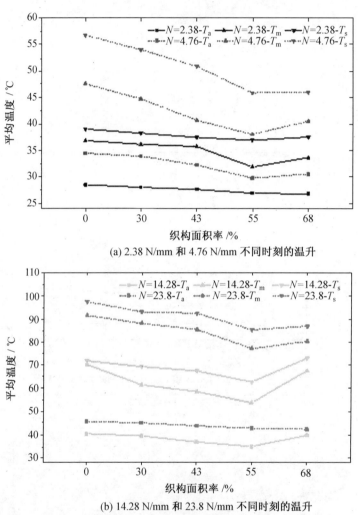

(a) 2.38 N/mm 和 4.76 N/mm 不同时刻的温升

(b) 14.28 N/mm 和 23.8 N/mm 不同时刻的温升

图 8.33　不同载荷下表面织构在 X 轴方向的平均温升

由图 8.33 至图 8.36 可见,载荷增加,不同面积率织构的平均摩擦温升表现出与速度增加时相似的规律,在此不再赘述。但是从温度平均值的大小来看,在相同的增加倍数下,速度增加更容易引起不同织构间的温度差异。原因如图 8.37 所示,载荷变化,虽然在图示的 XOY 平面内并没有对织构产生太大影响,但是随着载荷增加,上试样圆柱在 Z 轴方向(垂直于 XOY 平面)上的接触宽度增加,即意味着接触面积有所增加。在图 8.37

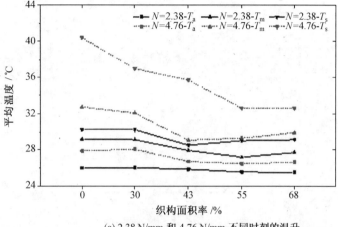

(a) 2.38 N/mm 和 4.76 N/mm 不同时刻的温升

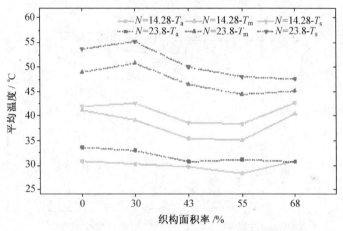

(b) 14.28 N/mm 和 23.8 N/mm 不同时刻的温升

图 8.34 不同载荷下表面织构在 Y 轴方向的平均温升

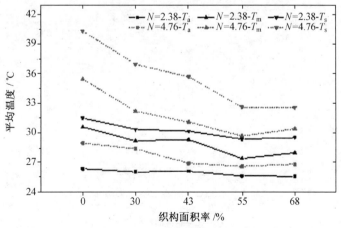

(a) 2.38 N/mm 和 4.76 N/mm 不同时刻的温升

图 8.35 不同载荷下表面织构在 Z 轴方向的平均温升

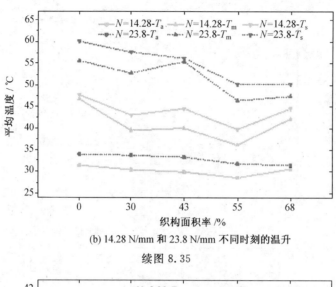

(b) 14.28 N/mm 和 23.8 N/mm 不同时刻的温升

续图 8.35

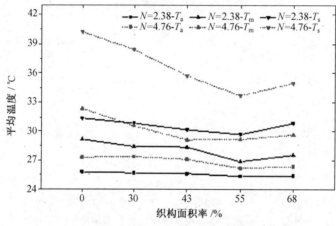

(a) 2.38 N/mm 和 4.76 N/mm 不同时刻的温升

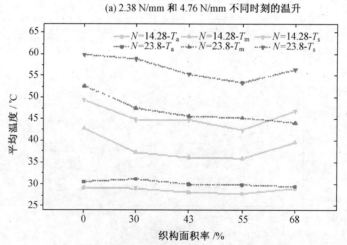

(b) 14.28 N/mm 和 23.8 N/mm 不同时刻的温升

图 8.36　不同载荷下表面织构对偶摩擦副的平均温度

中,速度增加 N 倍和载荷增加 N 倍(其他条件不变)的情况下,虽然增加的摩擦功相同,但是载荷增加带来的接触面积增加,会使织构接触面的热流密度减小(即流入横截面的热流减小),从而减弱了表面织构对摩擦温升的作用(由之前的机理分析可知,织构在热流密度较大时更能凸显出对摩擦温度的作用)。因此,可以用来解释表面织构的摩擦温升差异在摩擦速度增大时更明显的现象。

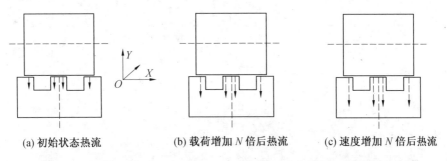

(a) 初始状态热流　　　　　(b) 载荷增加 N 倍后热流　　　　　(c) 速度增加 N 倍后热流

图 8.37　表面织构在不同摩擦工况下热流变化影响摩擦温升的示意图

8.3　不同摩擦工况下表面织构
摩擦温升计算模型的实验验证

8.3.1　验证实验设计

为了验证计算结果,在不同速度、载荷和摩擦配副下,设计不同面积率织构的摩擦温升测量实验,共分为四组,分别编号为实验 1~4,如表 8.4 所示。表中的实验 1 实际上在上一章中已经完成,作为对比实验设计,在此列出,但不再展示结果。实验 1 选取了55%、43%、30% 和 0% 四种面积率织构,在相同速度和载荷(100 mm/s, 90 N)下,利用前述摩擦磨损实验机(SRV4),进行摩擦实验,并分别测量摩擦系数和上下试样的温升,上试样的温升测量方式与下试样测温方式类似,也在接触区域上方 1 mm 处预埋热电偶测量温升。与实验 1 相比,设计了速度更高(180 mm/s)的实验 2,和载荷更大(200 N)的实验 3。实验 4 则在 55% 织构面积率下使用六种不同摩擦配副,进行实验。实验 2、实验 3、实验 4 分别是在实验 1 的基础上,变化摩擦速度、载荷、摩擦配副,对模型在不同摩擦工况下的计算结果进行验证。具体实验参数见表 8.4。

8.3.2　实验结果及讨论

8.3.2.1　实验 2

摩擦温升的计算值、实验测量值和摩擦系数测量值,如图 8.38 所示。图中三角形表示温度的测量值,实线表示模型中测量点附近的温升计算结果,同种颜色对应同一种织构及其对偶摩擦副,点线表示摩擦系数测量值。图 8.38(a) 与实验 1 结果相比(见 7.3.1

节),速度增大后织构试样温升增加,但是不同面积率织构间的温升大小规律不变,温度测量值与模拟计算值在中后期具有较好的吻合性。图 8.38(b)为对偶上试样温度测量值及模拟计算值,相比与实验 1,与不同面积率织构对偶摩擦副的温升大小关系基本不变,温度测量值与模型计算值在趋势上基本一致。图 8.38(c)为织构表面的摩擦系数测量值,可见速度增加后,相比于实验 1 的结果,不同织构间的摩擦系数略有增高且波动和差异变大。

表 8.4　验证实验参数

编号	织构面积率/%	摩擦环境		摩擦配副
		速度/(mm·s⁻¹)	载荷/N	
实验 1	55,43,30,0	100	90	45-304
实验 2	55,43,30,0	180	90	
实验 3	55,43,30,0	100	200	
实验 4	55%	100	90	45-304,45-Al,45-PTFE,304-45,304-Al,304-PTFE

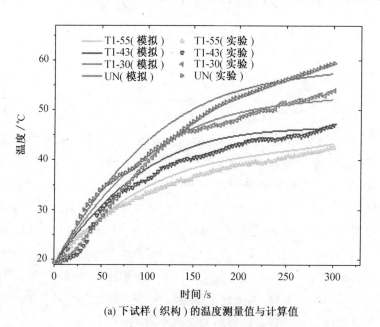

(a)下试样(织构)的温度测量值与计算值

图 8.38　实验 2 测量的摩擦系数、温度及与模拟计算结果对比

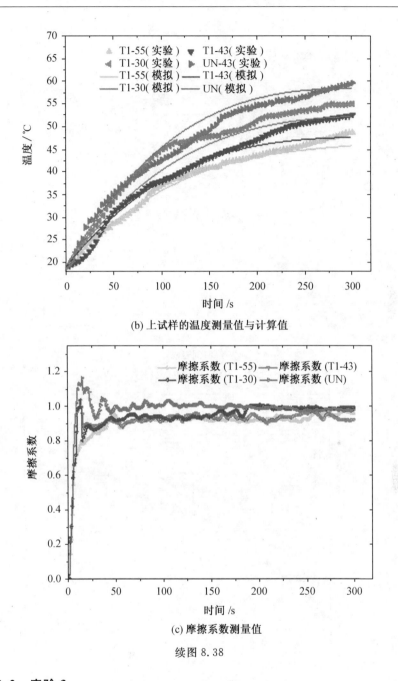

(b) 上试样的温度测量值与计算值

(c) 摩擦系数测量值

续图 8.38

8.3.2.2　实验 3

实验 3(不同载荷)的测量值及计算值,如图 8.39 所示。与图 8.38 相同,图 8.39(a)中三角形表示不同织构(下试样)的温度测量值,实线表示其模拟计算结果,图 8.39(b)中三角形为对偶副(上试样)温度测量值,实线为温度模拟计算值,同种颜色代表同一实验。可见,与实验 1 的结果相比,载荷增加后,温度增加,但与实验 2 的速度增加相比,增加载荷后不同织构间的温度差别不如速度增加时明显。但总体来看,摩擦温升的计算值与测量值在趋势上也基本吻合。图 8.39(c)为摩擦系数测量值,不同织构的摩擦系数在载荷增加后与速度增加后的变化规律基本相似。

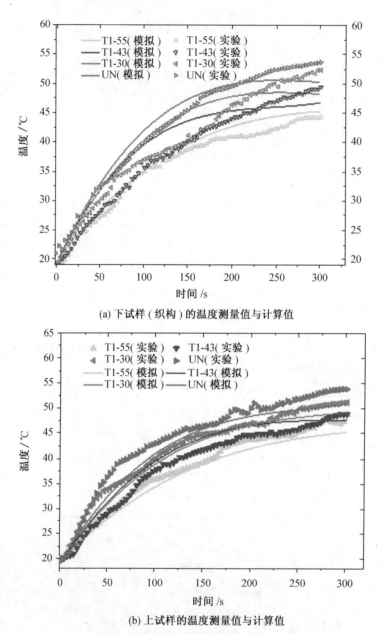

(a) 下试样(织构)的温度测量值与计算值

(b) 上试样的温度测量值与计算值

图 8.39　实验 3 测量的摩擦系数、温度及与模拟计算结果对比

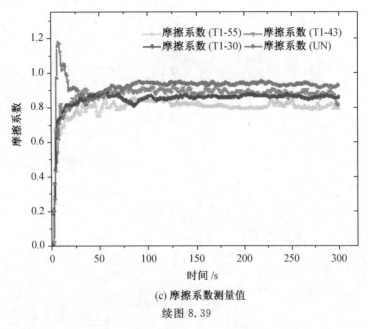

(c) 摩擦系数测量值

续图 8.39

8.3.2.3　实验 4

图 8.40 所示为实验 4（不同摩擦配副）的温度测量值及计算值。图 8.40（a）中上三角、下三角、左三角、右三角、圆形、矩形分别表示 45 钢对偶 Al、45 钢对偶 PTFE、45 钢对偶 304、304 对偶 45 钢、304 对偶 Al、304 对偶 PTFE 时的织构（下试样）温度测量值，对应相同颜色的实线表示温度的模拟计算值。可见，对于相同面积率织构，在 304 作为下试样（织构试样）的不同配副下，温度均表现略高；模拟计算值与测量值虽然存在一定差异，但

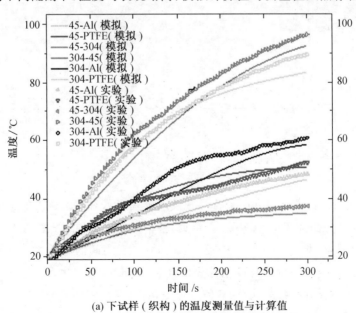

(a) 下试样（织构）的温度测量值与计算值

图 8.40　实验 4 测量的摩擦系数、温度及与模拟计算结果对比

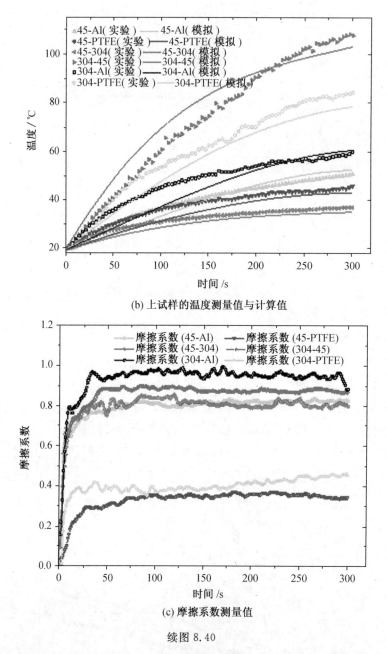

(b) 上试样的温度测量值与计算值

(c) 摩擦系数测量值

续图 8.40

是基本趋势仍然相符。图 8.40(b)中符号和实线分别表示对偶摩擦副的温度测量值及其模拟计算值,含义与图 8.39(b)中相似。可见,各种摩擦配副的上试样温升与下试样温升规律基本相似,只是,45 钢与 Al 和 PTFE 配副时,二者之间的温升大小有所不同。对偶摩擦副(上试样)的温度测量值与模拟计算值,在趋势上也基本吻合。图 8.40(c)为不同摩擦配副下,表面织构的摩擦系数测量值。可见,各种摩擦配副下,其摩擦系数有所不同,表面织构与 PTFE 摩擦时表现出较低的摩擦系数,约为 0.35,304 和与 Al 对摩时表现出较高的摩擦系数,约为 0.95。

从上述实验测量与模型计算结果对比来看,在不同的摩擦工况和摩擦配副下,所建立的表面织构摩擦温升计算模型,能够用于分析表面织构在不同摩擦工况环境下的摩擦温升。

8.4　本章小结

本章利用所建表面织构的温升计算模型,计算了不同摩擦速度、法向载荷、摩擦配副材料等条件下,表面织构的摩擦温升分布,研究了摩擦工况对表面织构摩擦温升的影响。设计了不同摩擦工况及配副下,表面织构的摩擦实验,测量了摩擦系数及上下摩擦副的温度,将所测摩擦系数代入织构摩擦温升计算模型,计算了织构在不同工况下的温度,与实验测量温度进行对照,验证了所建模型。同时探讨了摩擦工况对表面织构摩擦温升的影响原因。得到以下结论:

(1)增加摩擦速度,摩擦温升迅速升高,速度增加越多,不同面积率织构间的温升差异越明显;但是增加相同倍数的摩擦速度,不同面积率织构的摩擦温升的增加量具有明显差异;55% 面积率织构在不同摩擦速度下,均表现为最低的摩擦温升,在本书设定的最大摩擦速度下,相比于未织构试样,在接触界面处节点的温度最高降低约 44 ℃。

(2)法向载荷增加也会使摩擦温升增高。但是,相比于速度的影响,增加相同倍数载荷时,其导致的温升增加幅度相对较小,且不同面积率织构间的温度差异更小;不同载荷下,随着织构面积率增加,温度先下降再上升,与未织构试样相比,织构在接触界面处节点的温度最高降低约 17 ℃。在具有不同热力学参数的摩擦材料配副下,表面织构的摩擦温升表现出较大差异。与热传导系数低的材料(PTFE)对偶摩擦的织构温升较高;与热传导系数高的材料(Al)对偶摩擦的织构温升较低,且各织构间温升差异更明显。

(3)摩擦工况改变,影响了表面织构区域的对流散热和上下试样的热量分配,是导致表面织构摩擦温升分布发生改变的原因。对比实验与模型计算结果,表明,不同摩擦工况下,温度的计算值与测量值基本一致,变化趋势上也基本吻合,证明了所建模型用于分析表面织构摩擦温升的正确性与可信性。

附录 1

瞬态导热的高斯积分

对瞬态导热的高斯积分过程进行求解，首先考虑关于 dh_1 和 dh_2 的二重积分，有

$$J(\gamma) = \frac{1}{2\pi\sigma_1\sigma_2}\int_{-\infty}^{\infty}\int_{h_0-h_2}^{\infty}\exp\left(-\frac{h_1 2}{2\sigma_1 2}-\frac{h_2 2}{2\sigma_2 2}\right)(h_1+h_2-h_0)^{\gamma}dh_1 dh_2 \tag{1}$$

对上式进行变量替换，将关于 dh_1 和 dh_2 的二重积分转换为关于 $d\xi$ 和 $d\eta$ 的积分，令无量纲参数 $x_1 = h_1/\sqrt{2}\sigma_1$，$x_2 = h_2/\sqrt{2}\sigma_2$，并且进行线性变换得到 ξ 和 η，表达式为

$$\xi = \frac{x_1+\beta x_2}{\sqrt{1+\beta^2}} \tag{2a}$$

$$\eta = \frac{\beta x_1 - x_2}{\sqrt{1+\beta^2}} \tag{2b}$$

其中 $\beta = \sigma_2/\sigma_1$，且有 $h_1+h_2-h_0 = (\xi-\hat{h}_0)\sqrt{2(\sigma_1 2+\sigma_2 2)}$，$\hat{h}_0 = h_0/\sqrt{2(\sigma_1 2+\sigma_2 2)}$。

由于 $\xi^2+\eta^2 = x_1^2+x_2^2$，变量转换的雅可比行列式的值等于 1，且积分域为 $\xi > \hat{h}_0$。因此，以 $d\xi$ 和 $d\eta$ 为自变量的积分可以写成

$$J(\gamma) = \frac{[2(\sigma_1 2+\sigma_2 2)]^{\gamma/2}}{\pi}\int_{\hat{h}_0}^{\infty}\int_{-\infty}^{\infty}e^{-(\xi^2+\eta^2)}(\xi-\hat{h}_0)^{\gamma}d\eta d\xi \tag{3}$$

计算得到关于 η 的积分值等于 $\sqrt{\pi}$，因此积分 $J(\gamma)$ 最终可以化简为

$$J(\gamma) = \frac{[2(\sigma_1 2+\sigma_2 2)]^{\gamma/2}}{\sqrt{\pi}}I(\hat{h}_0,\gamma) \tag{4}$$

令 $y = \xi-\hat{h}_0$，则

$$I(\hat{h}_0,\gamma) = \int_{\hat{h}_0}^{\infty}e^{-\xi^2}(\xi-\hat{h}_0)^{\gamma}d\xi = \int_0^{\infty}e^{-(y+\hat{h}_0)^2}y^{\gamma}dy \tag{5}$$

对于确定的 γ，积分 $I(\hat{h}_0,\gamma)$ 可以通过 Maple 或者 Mathematica 求解，表示成特殊形式的方程。

总摩擦生热量

将 Q_f、$\Phi(b)$、$\varphi_1(h_1)$ 和 $\varphi_2(h_2)$ 代入总摩擦生热量的积分式中，$Q_f(S)$ 可以写为

$$Q_f(S) = \frac{SN_1 N_2\pi\mu E^*\sqrt{R_1+R_2}}{2\sqrt{2}(R_1+R_2)^2}I_1 \tag{6}$$

其中

$$I_1 = \frac{1}{2\pi\sigma_1\sigma_2} \int_{-\infty}^{\infty} \int_{h_0-h_2}^{\infty} \int_0^{b_0} \exp\left(-\frac{h_1^2}{2\sigma_1^2} - \frac{h_2^2}{2\sigma_2^2}\right) (b_0^2 - b^2)^2 \, \mathrm{d}b \mathrm{d}h_1 \mathrm{d}h_2 \tag{7}$$

对关于 b 的积分进行求解，并且代入 $b_0 = \sqrt{2(R_1 + R_2)(h_1 + h_2 - h_0)}$ ，可以得到

$$I_1 = \frac{8 \left[2(R_1 + R_2)\right]^{5/2}}{15} J\left(\frac{5}{2}\right) \tag{8}$$

将上式代入 $Q_f(S)$ ，最终得到总摩擦生热量为

$$Q_f(S) = \frac{2^{21/4} N_1 N_2 \sqrt{\pi} E^* \sqrt{R_1 + R_2} \sqrt{R_1 R_2} \mu S (\sigma_1^2 + \sigma_2^2)^{5/4}}{15} I\left(\hat{h}_0, \frac{5}{2}\right) \tag{9}$$

由温差引起的总导热量

同理，将 Q_f、$\Phi(b)$、$\varphi_1(h_1)$ 和 $\varphi_2(h_2)$ 代入由温差引起的总导热量的积分式中，$Q_c(S)$ 可以写为

$$Q_c(S) = \frac{2^{2/7} \pi S N_1 N_2 C_1 C_2 \Delta T R^*}{5(C_1 + C_2)(R_1 + R_2)\sqrt{\pi V}} I_2 \tag{10}$$

其中

$$I_2 = \frac{1}{2\pi\sigma_1\sigma_2} \int_{-\infty}^{\infty} \int_{h_0-h_2}^{\infty} \int_0^{b_0} \exp\left(-\frac{h_1^2}{2\sigma_1^2} - \frac{h_2^2}{2\sigma_2^2}\right) (b_0^2 - b^2)^{5/4} \, \mathrm{d}b \mathrm{d}h_1 \mathrm{d}h_2 \tag{11}$$

对关于 b 的积分进行求解，并且代入 $b_0 = \sqrt{2(R_1 + R_2)(h_1 + h_2 - h_0)}$ ，可以得到

$$I_2 = \frac{5\pi^{3/2} \left[2(R_1 + R_2)\right]^{7/4}}{21\sqrt{2}\,\Gamma(3/4)^2} J\left(\frac{7}{4}\right) \tag{12}$$

将上式代入 $Q_c(S)$ 可以得到总导热量为

$$Q_c(S) = \frac{2^{25/8} \pi^{3/2} S N_1 N_2 C_1 C_2 \Delta T R_1 R_2 (\sigma_1^2 + \sigma_2^2)^8}{21\Gamma(3/4)^2 (C_1 + C_2)(R_1 + R_2)^{1/4} \sqrt{V}} I\left(\hat{h}_0, \frac{7}{4}\right) \tag{13}$$

附录 2

表 1　不同材料参数和滑动速度下的最大闪点温度

ρc	μH	V	R	d_1	K	a_0	k	$T_{\max}$	Pe	$T^*_{\max} = \dfrac{KT_{\max}}{k\mu H}$
2.074	7 000	0.5	20	1	61.379	6.325	29.598	200	0.107	0.059
2.251	7 000	0.5	20	1	60.148	6.325	26.723	200	0.118	0.064
2.384	7 000	0.5	20	1	59.409	6.325	24.924	200	0.127	0.068
2.516	7 000	0.5	20	1	58.670	6.325	23.315	200	0.136	0.072
2.752	7 000	0.5	20	1	57.192	6.325	20.779	200	0.152	0.079
2.870	7 000	0.5	20	1	56.700	6.325	19.753	200	0.160	0.082
3.446	7 000	0.5	20	1	53.744	6.325	15.596	200	0.203	0.098
3.564	7 000	0.5	20	1	53.498	6.325	15.011	200	0.211	0.102
2.045	3 687.5	1.25	20	1	70.495	6.325	34.472	200	0.229	0.111
2.120	3 687.5	1.25	20	1	69.752	6.325	32.902	200	0.240	0.115
2.195	3 687.5	1.25	20	1	69.257	6.325	31.552	200	0.251	0.119
2.330	3 687.5	1.25	20	1	68.267	6.325	29.299	200	0.270	0.126
2.405	3 687.5	1.25	20	1	67.772	6.325	28.180	200	0.281	0.130
2.540	3 687.5	1.25	20	1	66.782	6.325	26.292	200	0.301	0.138
2.735	3 687.5	1.25	20	1	65.792	6.325	24.056	200	0.329	0.148
2.885	3 687.5	1.25	20	1	64.307	6.325	22.290	200	0.355	0.156
2.150	7 000	2	20	1	64.335	6.325	29.923	600	0.423	0.184
2.345	7 000	2	20	1	63.350	6.325	27.015	600	0.468	0.201
2.495	7 000	2	20	1	62.365	6.325	24.996	600	0.506	0.214
2.705	7 000	2	20	1	61.133	6.325	22.600	600	0.560	0.232
2.915	7 000	2	20	1	59.409	6.325	20.380	600	0.621	0.250
3.155	7 000	2	20	1	58.424	6.325	18.518	600	0.683	0.270
3.620	7 000	2	20	1	55.961	6.325	15.459	600	0.818	0.310
3.695	7 000	2	20	1	55.222	6.325	14.945	600	0.846	0.317

续表 1

ρc	μH	V	R	d_1	K	a_0	k	$T_{\max}$	Pe	$T_{\max}^* = \dfrac{KT_{\max}}{k\mu H}$
3.830	7 000	2	20	1	54.729	6.325	14.290	600	0.885	0.328
3.905	7 000	2	20	1	54.483	6.325	13.952	600	0.907	0.335
2.121	7 000	2	20	1	19.754	6.325	9.313	1 700	1.358	0.515
2.454	7 000	2	20	1	19.015	6.325	7.749	1 700	1.632	0.596
2.560	7 000	2	20	1	18.768	6.325	7.332	1 700	1.725	0.622
2.741	7 000	2	20	1	18.276	6.325	6.667	1 700	1.897	0.666
2.908	7 000	2	20	1	17.537	6.325	6.031	1700	2.097	0.706
3.104	7 000	2	20	1	17.291	6.325	5.570	1 700	2.271	0.754
3.255	7 000	2	20	1	16.798	6.325	5.160	1 700	2.451	0.791
3.407	7 000	2	20	1	16.552	6.325	4.859	1 700	2.603	0.827
2.174	7 000	2	200	10	66.020	63.246	30.374	4 000	4.165	1.242
2.280	7 000	2	200	10	65.025	63.246	28.520	4 000	4.435	1.303
2.386	7 000	2	200	10	64.030	63.246	26.831	4 000	4.714	1.364
2.493	7 000	2	200	10	62.786	63.246	25.188	4 000	5.022	1.424
2.639	7 000	2	200	10	61.542	63.246	23.320	4 000	5.424	1.508
2.746	7 000	2	200	10	61.045	63.246	22.234	4 000	5.689	1.569
2.839	7 000	2	200	10	60.050	63.246	21.154	4 000	5.979	1.622
3.251	7 000	2	200	10	56.318	63.246	17.323	4 000	7.302	1.858
3.384	7 000	2	200	10	55.572	63.246	16.421	4 000	7.703	1.934
3.477	7 000	2	200	10	55.075	63.246	15.838	4 000	7.986	1.987
3.584	7 000	2	200	10	54.328	63.246	15.159	4 000	8.344	2.048
3.677	7 000	2	200	10	53.582	63.246	14.572	4 000	8.680	2.101
2.735	3 687.5	2	110	5.5	20.000	34.785	7.313	3 000	9.514	2.225
2.780	3 687.5	2	110	5.5	19.504	34.785	7.016	3 000	9.916	2.262
2.945	3 687.5	2	110	5.5	19.256	34.785	6.539	3 000	10.640	2.396
3.065	3 687.5	2	110	5.5	19.008	34.785	6.202	3 000	11.218	2.494
3.185	3 687.5	2	110	5.5	18.512	34.785	5.812	3 000	11.969	2.591
3.320	3 687.5	2	110	5.5	18.512	34.785	5.576	3 000	12.477	2.701
3.470	3 687.5	2	110	5.5	17.769	34.785	5.121	3 000	13.586	2.823

续表 1

ρc	μH	V	R	d_1	K	a_0	k	T_{max}	Pe	$T^*_{max} = \dfrac{KT_{max}}{k\mu H}$
3.635	3 687.5	2	110	5.5	17.521	34.785	4.820	3 000	14.434	2.957
3.770	3 687.5	2	110	5.5	17.025	34.785	4.516	3 000	15.406	3.067
3.890	3 687.5	2	110	5.5	16.777	34.785	4.313	3 000	16.131	3.165
4.010	3 687.5	2	110	5.5	16.281	34.785	4.060	3 000	17.135	3.262
3.050	3 687.5	2	200	10	20.835	63.246	6.831	4 000	18.516	3.308
3.185	3 687.5	2	200	10	20.570	63.246	6.458	4 000	19.586	3.455
3.335	3 687.5	2	200	10	19.809	63.246	5.940	4 000	21.296	3.618
3.470	3 687.5	2	200	10	19.790	63.246	5.703	4 000	22.179	3.764
3.620	3 687.5	2	200	10	19.276	63.246	5.325	4 000	23.755	3.927
3.740	3 687.5	2	200	10	18.765	63.246	5.017	4 000	25.210	4.057
3.860	3 687.5	2	200	10	18.255	63.246	4.729	4 000	26.746	4.187
3.980	3 687.5	2	200	10	17.992	63.246	4.521	4 000	27.981	4.317

参考文献

［1］邓守军，孙乐民，张永振. 磨损机理的变迁与现状［J］. 机械研究与应用，2004，17（6）：10-11.

［2］温诗铸. 世纪回顾与展望——摩擦学研究的发展趋势［J］. 机械工程学报，2000，36（6）：1-6.

［3］BHUSHAN B. 摩擦学导论［M］. 葛世荣，译. 北京：机械工业出版社，2007.

［4］温诗铸，黄平. 摩擦学原理［M］. 北京：清华大学出版社，2002.

［5］克拉盖尔斯基 И B. 摩擦磨损原理［M］. 北京：机械工业出版社，1982.

［6］BOWDEN F P, TABOR D. The friction and lubrication of solids：Part I［M］. Oxford, U. K. ：Clarendon Press, 1950.

［7］ARCHARD J F. Contact and rubbing of flat surfaces［J］. Journal of Applied Physics, 1953, 24(8)：981-988.

［8］RABINOWICZ E. Friction and wear of materials［M］. New York：Wiley, 1965.

［9］温诗铸. 材料磨损研究的进展与思考［J］. 摩擦学学报，2008，28(1)：1-5.

［10］SUH N P. The delamination theory of wear［J］. Wear, 1973(1)：111-124.

［11］HALLING J. A contribution to the theory of mechanical wear［J］. Wear, 1975, 34(3)：239-249.

［12］VAKIS A I. Asperity interaction and substrate deformation in statistical summation models of contact between rough surfaces［J］. Journal of Applied Mechanics, 2013, 81(4)：41012.

［13］胡兆稳，刘焜，王伟，等. 粗糙表面接触模型的研究现状和展望［J］. 低温与超导，2011，39(12)：71-74.

［14］GREENWOOD J A, WILLIAMSON J B P P. Contact of nominally flat surfaces［J］. Proceedings of the Royal Society of London(Series A), 1966, 295(1442)：300-319.

［15］MAJUMDAR A. Role of fractal geometry in roughness characterization and contact mechanics of surfaces［J］. Journal of Tribology, 1990, 112(2)：205-216.

［16］MAJUMDAR A, BHUSHAN B. Fractal model of elastic-plastic contact between rough surfaces［J］. Journal of Tribology, 1991, 113(1)：1-11.

［17］MAJUMDAR A, TIEN C L. Fractal characterization and simulation of rough surfaces[J]. Wear, 1990, 136(90): 313-327.

[18] JOHNSON K L. Contact mechanics[M]. Cambridge: Cambridge University Press, 1985.

[19] ABBOTT E J, FIRESTONE F A. Specifying Surface quality—A method based on accurate measurement and comparison[J]. Journal of Mechanical Engineering, 1933(55): 569-572.

[20] GREENWOOD J A, TRIPP J H. The Elastic contact of rough spheres[J]. Journal of Applied Mechanics, 1967, 34(1): 153.

[21] HISAKADO T. Effect of surface roughness on contact between solid surfaces[J]. Wear, 1974, 28(2): 217-234.

[22] MCCOOL J I. Predicting microfracture in ceramics via a microcontact model[J]. Journal of Tribology, 1986, 108(3): 380-386.

[23] WHITEHOUSE D J, ARCHARD J F. The properties of random surfaces of significance in their contact[J]. Proceedings of the Royal Society of London (Mathematical and Physical Sciences), 1970, 316(1524): 97-121.

[24] NAYAK P R. Random process model of rough surfaces in plastic contact[J]. Wear, 1973, 26(3): 305-333.

[25] MCCOOL J I. The distribution of microcontact area, load, pressure, and flash temperature under the Greenwood-Williamson model[J]. Journal of Tribology, 1988, 110(1): 106-111.

[26] BHUSHAN B, DUGGER M T. Real contact area measurements on magnetic rigid disks[J]. Wear, 1990, 137(1): 41-50.

[27] ZHAO Y, MAIETTA D M, CHANG L. An asperity microcontact model incorporating the transition from elastic deformation to fully plastic flow[J]. Journal of Tribology, 2000, 122(1): 86-93.

[28] 赵永武, 吕彦明, 蒋建忠. 新的粗糙表面弹塑性接触模型[J]. 机械工程学报, 2007, 43(3): 95-101.

[29] JENG Y R, PENG S R. Elastic-plastic contact behavior considering asperity interactions for surfaces with various height distributions[J]. Journal of Tribology, 2006, 128(2): 245-251.

[30] CIAVARELLA M, GREENWOOD J A, PAGGI M. Inclusion of "interaction" in the Greenwood and Williamson contact theory[J]. Wear, 2008, 265(5): 729-734.

[31] WANG S, KOMVOPOULOS K. A fractal theory of the interfacial temperature distribution in the slow sliding regime: Part II—Multiple domains, elastoplastic contacts and applications[J]. Journal of Tribology, 1994, 116(4): 824.

［32］WANG S, KOMVOPOULOS K. A fractal theory of the temperature distribution at elastic contacts of fast sliding surfaces[J]. Journal of Tribology, 1995, 117(2): 203-214.

［33］WANG S, KOMVOPOULOS K. Fractaltheory of the interfacial temperature distribution in the slow sliding regime: Part I—Elastic contact and heat transfer analysis[J]. Journal of Tribology, 1994, 116(4): 812-823.

［34］张学良, 温淑花, 徐格宁, 等. 结合部切向接触刚度分形模型研究[J]. 应用力学学报, 2003, 20(1): 70-72.

［35］刘红斌, 万大平, 胡德金. 分形表面接触变形对部分膜润滑的影响[J]. 摩擦学学报, 2008, 28(3): 244-247.

［36］冯秀. 金属垫片密封模型及应用研究[D]. 南京: 南京工业大学, 2006.

［37］魏龙, 刘其和, 张鹏高. 基于分形理论的滑动摩擦表面接触力学模型[J]. 机械工程学报, 2012, 48(17): 106-113.

［38］BLOK H. Theoretical study of temperature rise at surfaces of actual contact under oiliness lubricating conditions［C］//Proceedings of the general discussion on lubrication and lubricants. London: IMechE, 1937(2): 222-235.

［39］BLOK H. Surface temperature measurements on gear teeth under extreme pressure lubricating condition[J]. Proceedings of the Institution of Mechanical Engineers, 1937(2): 14-20.

［40］JAEGER J C. Moving sources of heat and the temperature of sliding contacts ［C］//Journal Proceedings of Roy. Soc. New South Wales, 1942(76): 202.

［41］LING F F. A quasi-iterative method for computing interface temperature distributions[J]. Zeitschrift Fur Angewandte Mathematik Und Physik, 1959, 10 (5): 461-474.

［42］FRANCIS H A. Interfacial temperature distribution within a sliding Hertzian contact[J]. ASLE Transactions, 1971, 14(1): 41-54.

［43］KENNEDY F E. Surface temperaturesin sliding systems—A finite element analysis[J]. Journal of Tribology, 1981, 103(1): 90-96.

［44］LAI W T, CHENG H S. Temperature analysis in lubricated simple sliding rough contacts[J]. ASLE Transactions, 1985, 28(3): 303-312.

［45］TIAN X, KENNEDY F E. Contact surface temperature models for finite bodies in dry and boundary lubricated sliding［J］. Journal of Tribology, 1993, 115(3): 411-418.

［46］BOS J, MOES H. Frictional heating of tribological contacts［J］. Journal of Tribology, 1995, 117(1): 171-177.

[47] KNOTHE K, LIEBELTS. Determination of temperatures for sliding contact with applications for wheel-rail systems[J]. Wear, 1995, 189(1): 91-99.

[48] KOMANDURI R, HOU Z B. Analysis of heat partition and temperature distribution in sliding systems[J]. Wear, 2001, 251(1): 925-938.

[49] BANSAL D G, STREATOR J L. A method for obtaining the temperature distribution at the interface of sliding bodies[J]. Wear, 2009, 266(7): 721-732.

[50] TUDOR A, KHONSARI M M. Analysis of heat partitioning in wheel/rail and wheel/brake shoe friction contact: An analytical approach [J]. Tribology Transactions, 2006, 49(4): 635-642.

[51] HUGHES W F, CHAO N H. Phase change in liquid face seals II—Isothermal and adiabatic bounds with real fluids[J]. Journal of Lubrication Technology, 1980, 102(3): 350-357.

[52] LEBECK A O. A mixed friction hydrostatic face seal model with phase change[J]. Journal of Lubrication Technology, 1980, 102(2): 133-138.

[53] LI C H. Thermal deformation in a mechanical face seal[J]. ASLE Transactions, 1976, 19(2): 146-152.

[54] GUPTA V, HAHN G T, BASTIAS P C, et al. Thermal-mechanical modelling of the rolling-plus-sliding with frictional heating of a locomotive wheel[J]. Journal of Manufacturing Science and Engineering, 1995, 117(3): 418-422.

[55] ERTZ M, KNOTHE K. A comparison of analytical and numerical methods for thecalculation of temperatures in wheel/rail contact[J]. Wear, 2002, 253(3): 498-508.

[56] AHLSTRÖM J, KARLSSON B. Modelling of heat conduction and phase transformations during sliding of railway wheels[J]. Wear, 2002, 253(1): 291-300.

[57] QIU L, CHENG H S. Temperature rise simulation of three-dimensional rough surfaces in mixed lubricated contact[J]. Journal of Tribology, 1998, 120(2): 310-311.

[58] LESTYÁN Z, VÁRADI K, ALBERS A. Contact and thermal analysis of an alumina-steel dry sliding friction pair considering the surface roughness [J]. Tribology International, 2007, 40(6): 982-994.

[59] KITAGAWA T, KUBO A, MAEKAWA K. Temperature and wear of cutting tools in high-speed machining of Inconel 718 and Ti-6Al-6V-2Sn[J]. Wear, 1997, 202(2): 142-148.

[60] BASTI A, OBIKAWA T, SHINOZUKA J. Tools with built-in thin film thermocouple sensors for monitoring cutting temperature[J]. International Journal

of Machine Tools and Manufacture, 2007, 47(5): 793-798.

[61] SHINOZUKA J, BASTI A, OBIKAWA T. Development of cutting tool with built-in thin film thermocouples for measuring high temperature fields in metal cutting processes[J]. Journal of Manufacturing Science and Engineering, 2008, 130(3): 034501.

[62] KAPLAN H. Practical applications of infrared thermal sensing and imaging equipment [M]. Bellingham, WA: SPIE press, 2007.

[63] DUFRÉNOY P, WEICHERT D. Prediction of railway disc brake temperatures taking the bearing surface variations into account [J]. Proceedings of the Institution of Mechanical Engineers(Part F: Journal of Rail and Rapid Transit), 1995, 209(2): 67-76.

[64] ABUKHSHIM N A, MATIVENGA P T, SHEIKH M A. Heat generation and temperature prediction in metal cutting: A review and implications for high speed machining[J]. International Journal of Machine Tools and Manufacture, 2006, 46 (7): 782-800.

[65] MAJCHERCZAKD, DUFRENOY P, BERTHIER Y. Tribological, thermal and mechanical coupling aspects of the dry sliding contact[J]. Tribology International, 2007, 40(5): 834-843.

[66] KASEM H, THEVENET J, BOIDIN X, et al. An emissivity-corrected method for the accurate radiometric measurement of transient surface temperatures during braking[J]. Tribology International, 2010, 43(10): 1823-1830.

[67] PENG J, ZHOU C Y, DAI Q, et al. The temperature and stress dependent primary creep of CP-Ti at low and intermediate temperature[J]. Materials Science and Engineering, 2014, 611(12): 123-135.

[68] SUGIHARA T, ENOMOTO T. Improving anti-adhesion in aluminum alloy cutting by micro stripe texture[J]. Precision Engineering, 2012, 36(2): 229-237.

[69] CHANG W, SUN J, LUO X, et al. Investigation of microstructured milling tool for deferring tool wear[J]. Wear, 2011, 271(9): 2433-2437.

[70] KAWASEGI N, SUGIMORI H, MORIMOTO H, et al. Development of cutting tools with microscale and nanoscale textures to improve frictional behavior[J]. Precision Engineering, 2009, 33(3): 248-254.

[71] DENG J, LIAN Y, WU Z, et al. Performance of femtosecond laser-textured cutting tools deposited with WS 2 solid lubricant coatings [J]. Surface and Coatings Technology, 2013,222(15): 135-143.

[72] XING Y, DENG J, ZHAO J, et al. Cutting performance and wear mechanism of

nanoscale and microscale textured Al_2O_3/TiC ceramic tools in dry cutting of hardened steel[J]. International Journal of Refractory Metals and Hard Materials, 2014(43): 46-58.

[73] LING T D, LIU P, XIONG S, et al. Surface texturing of drill bits for adhesion reduction and tool life enhancement[J]. Tribology Letters, 2013, 52(1): 113-122.

[74] QIU Y, KHONSARI M M. Experimental investigation of tribological performance of laser textured stainless steel rings[J]. Tribology International, 2011, 44(5): 635-644.

[75] ETSION I, KLIGERMAN Y, HALPERIN G. Analytical and experimental investigation of laser-textured mechanical seal faces[J]. Tribology Transactions, 1999, 42(3): 511-516.

[76] SINANOGLU C. Investigation of load carriage capacity of journal bearings by surface texturing [J]. Industrial Lubrication and Tribology, 2009, 61 (5): 261-270.

[77] ZHANG J Y, MENG Y G. Direct observation of cavitation phenomenon and hydrodynamic lubrication analysis of textured surfaces[J]. Tribology Letters, 2012, 46(2): 147-158.

[78] GRECO A, RAPHAELSON S, EHMANN K, et al. Surface texturing of tribological interfaces using the vibromechanical texturing method[J]. Journal of Manufacturing Science and Engineering, 2009, 131(6): 061005.

[79] PETTERSSON U, JACOBSON S. Friction and wear properties of micro textured DLC coated surfaces in boundary lubricated sliding[J]. Tribology Letters, 2004, 17(3): 553-559.

[80] PETTERSSON U, JACOBSON S. Textured surfaces for improved lubrication at high pressure and low sliding speed of roller/piston in hydraulic motors[J]. Tribology International, 2007, 40(2): 355-359.

[81] YU H W, WANG X L, ZHOU F. Geometric shape effects of surface texture on the generation of hydrodynamic pressure between conformal contacting surfaces [J]. Tribology Letters, 2010, 37(2): 123-130.

[82] 历建全, 朱华. 表面织构及其对摩擦学性能的影响[J]. 润滑与密封, 2009, 34(2): 94-97.

[83] WAN Y, XIONG D S. The effect of laser surface texturing on frictional performance of face seal[J]. Journal of Materials Processing technology, 2008, 197(1): 96-100.

[84] YU X Q, HE S, CAI R L. Frictional characteristics of mechanical seals with a

laser-textured seal face[J]. Journal of Materials Processing Technology, 2002, 129(1): 463-466.

[85] WANG X L, KATO K, ADACHI K, et al. The effect of laser texturing of SiC surface on the critical load for the transition of water lubrication mode from hydro-dynamic to mixed[J]. Tribology International, 2001, 34(10): 703-711.

[86] WANG X L, KATO K, ADACHI K. Running-in effect on the load-carrying capacity of a water-lubricated SiC thrust bearing[J]. Proceedings of the Institution of Mechanical Engineers(Part J: Journal of Engineering Tribology), 2005, 219 (2): 117-124.

[87] 王正国,莫继良,王安宇,等. 沟槽型表面织构对界面摩擦振动噪声特性的影响 [J]. 振动与冲击, 2013, 32(23): 175-179.

[88] 王晓翠,莫继良,阳江舟,等. 织构表面影响制动盘材料尖叫噪声的试验及有限元 分析[J]. 振动与冲击, 2015, 34(24): 182-187.

[89] KUMAR S, SINGH R, SINGH T P, et al. Surface modification by electrical discharge machining: A review[J]. Journal of Materials Processing Technology, 2009, 209(8): 3675-3687.

[90] COSTA H L, HUTCHINGS I M. Hydrodynamic lubrication of textured steel surfaces under reciprocating sliding conditions[J]. Tribology International, 2007, 40(8): 1227-1238.

[91] PETTERSSON U, JACOBSON S. Tribological texturing of steel surface with a novel diamond embossing tool technique[J]. Tribology International, 2006, 39 (7): 695-700.

[92] XIE J, LUO M J, WU K K, et al. Experimental study on cutting temperature and cutting force in dry turning of titanium alloy using a non-coated micro-grooved tool [J]. International Journal of Machine Tools and Manufacture, 2013, 73 (1): 25-36.

[93] BECKER E W, EHRFELD W, HAGMANN P, et al. Fabrication of microstructures with high aspect ratios and great structural heights by synchrotron radiation lithography, galvanoforming, and plastic moulding (LIGA process)[J]. Microelectronic Engineering, 1986, 4(1): 35-56.

[94] YAN D S, QU N S, LI H S, et al. Significance of dimple parameters on the friction of sliding surfaces investigated by orthogonal experiments[J]. Tribology Transactions, 2010, 53(5): 703-712.

[95] WANG X L, KATO K, ADACHI K. The lubrication effect of micro-pits on parallel sliding faces of SiC in water[J]. Tribology Transactions, 2002, 45(3):

294-301.

[96] WANG X L, KATO K. Improving the anti-seizure ability of SiC seal in water with RIE texturing[J]. Tribology Letters. 2003, 14(4): 275-280.

[97] WAKUDA M, YAMAUCHI Y, KANZAKI S. Effect of workpiece properties on machinability in abrasive jet machining of ceramic materials [J]. Precision Engineering, 2002, 26(2): 193-198.

[98] VRBKA M, KRUPKA I, SVOBODA P, et al. Effect of shot peening on rolling contact fatigue and lubricant film thickness within mixed lubricated non-conformal rolling/sliding contacts[J]. Tribology International, 2011, 44(12): 1726-1735.

[99] YU X Q, HE S, CAI R L. Frictional characteristics of mechanical seals with a laser-textured seal face[J]. Journal of Materials Processing Technology, 2002, 129(1): 463-466.

[100] TAN A H, CHENG S W. A novel textured design for hard disk tribology improvement[J]. Tribology International, 2006, 39(6): 506-511.

[101] RYK G, KLIGERMAN Y, ETSION I. Experimental investigation of laser surface texturing for reciprocating automotive components [J]. Tribology Transactions, 2002, 45(4): 444-449.

[102] SCHRECK S, GAHR K H Z. Laser-assisted structuring of ceramic and steel surfaces for improving tribological properties[J]. Applied Surface Science, 2005, 247(1): 616-622.

[103] VILHENA L M, SEDLA EK M, PODGORNIK B, et al. Surface texturing by pulsed Nd: YAG laser[J]. Tribology International, 2009, 42(10): 1496-1504.

[104] RYK G, ETSION I. Testing piston rings with partial laser surface texturing for friction reduction[J]. Wear, 2006, 261(7): 792-796.

[105] BOLANDER N W, SADEGHI F. Surface modification for piston ring and liner [J]. Solid Mechanics and Its Application, 2006 134(7): 271-283.

[106] ETSION I, SHER E. Improving fuel efficiency with laser surface textured piston rings[J]. Tribology International, 2009, 42(4): 542-547.

[107] RONEN A, ETSION I, KLIGERMAN Y. Friction-reducing surface-texturing in reciprocating automotive components[J]. Tribology Transactions, 2001, 44(3): 359-366.

[108] NAKANO M, KORENAGA A, KORENAGA A, et al. Applying micro-texture to cast iron surfaces to reduce the friction coefficient under lubricated conditions [J]. Tribology Letters, 2007, 28(2): 131-137.

[109] WALOWIT J A, ALLEN C M. A theory of lubrication by micro-irregularities

[J]. ASME Journal of Basic Engineering，1966，88(1)：177-185.

[110] SIRIPURAM R B, STEPHENS L S. Effect of deterministic asperity geometry on hydrodynamic lubrication[J]. Journal of Tribology，2004，126(3)：527-534.

[111] YU H，WANG X，ZHOU F. Geometric shape effects of surface texture on the generation of hydrodynamic pressure between conformal contacting surfaces[J]. Tribology Letters，2010，37(2)：123-130.

[112] YU H，DENG H，HUANG W，et al. The effect of dimple shapes on friction of parallel surfaces[J]. Proceedings of the Institution of Mechanical Engineers(Part J：Journal of Engineering Tribology)，2011，225(8)：693-703.

[113] 于海武，袁思欢，孙造，等. 微凹坑形状对试件表面摩擦特性的影响[J]. 华南理工大学学报(自然科学版)，2011，39(1)：106-110.

[114] ETSION I，BURSTEIN L. A model for mechanical seals with regular micro-surface structure[J]. Tribology Transactions，1996，39(3)：677-683.

[115] COSTA H L，HUTCHINGS I M. Hydrodynamic lubrication of textured steel surfaces under reciprocating sliding conditions[J]. Tribology International，2007，40(8)：1227-1238.

[116] ETSION I，HALPERIN G. A laser surface textured hydrostatic mechanical seal[J]. Tribology Transactions，2002，45(3)：430-434.

[117] FELDMAN Y，KLIGERMAN Y，ETSION I. A hydrostatic laser surface textured gas seal[J]. Tribology letters，2006，22(1)：21-28.

[118] NANBU T，REN N，YASUDA Y，et al. Micro-textures in concentrated conformal-contact lubrication：Effects of texture bottom shape and surface relative motion[J]. Tribology Letters，2008，29(3)：241-252.

[119] PETTERSSON U，JACOBSON S. Influence of surface texture on boundary lubricated sliding contacts[J]. Tribology International，2003，36(11)：857-864.

[120] 王晓雷，王静秋，韩文非. 边界润滑条件下表面微细织构减摩特性的研究[J]. 润滑与密封，2007，32(12)：36-39.

[121] 厉淦，沈明学，孟祥铠，等. 316L 不锈钢沟槽型表面微织构减摩特性实验研究[J]. 功能材料，2015，000(02)：2033-2037.

[122] KOVALCHENKO A，AJAYI O，ERDEMIR A，et al. The effect of laser texturing of steel surfaces and speed-load parameters on the transition of lubrica-tionregime from boundary to hydrodynamic[J]. Tribology Transactions，2004，47(2)：299-307.

[123] 胡天昌，胡丽天，丁奇. 45♯钢表面激光织构化及其干摩擦特性研究[J]. 摩擦学学报，2010，30(1)：46-52.

[124] 万轶，李建亮. 激光织构化形貌对密封配副摩擦学性能的影响[J]. 激光技术，2015，39(4)：506-509.

[125] 王斌，常秋英，齐烨. 激光表面织构化对45♯钢干摩擦特性的影响[J]. 润滑与密封，2013，38(12)：11-14.

[126] SUH A Y, LEE S C, POLYCARPOU A A. Adhesion and friction evaluation of textured slider surfaces in ultra-low flying head-disk interfaces[J]. Tribology Letters，2004，17(4)：739-749.

[127] WANG D W, MO J L, ZHU Z Y, et al. How do grooves on friction interface affect tribological and vibration and squeal noise performance[J]. Tribology International，2017，10(9)：192-250.

[128] 陈平，李云龙，邵天敏. 不锈钢表面条纹织构倾斜角对摩擦性能的影响[J]. 北京科技大学学报，2014，36(10)：1315-1321.

[129] MEINE K, SCHNEIDER T, SPALTMANN D, et al. The influence of roughness on friction：Part I—The influence of a single step[J]. Wear，2002，253(7)：725-732.

[130] MEINE K, SCHNEIDER T, SPALTMANN D, et al. The influence of roughness on friction：Part II—The influence of multiple steps[J]. Wear，2002，253(6)：733-738.

[131] RIPOLL M R, PODGORNIK B, VIINTIN J. Finite element analysis of textured surfaces under reciprocating sliding[J]. Wear，2011，271(5)：952-959.

[132] ETSION I. Improving tribological performance of mechanical components by laser surface texturing[J]. Tribology Letters，2004，17(4)：733-737.

[133] SUH N P, MOSLEH M, HOWARD P S. Control of friction[J]. Wear，1994，175(1)：151-158.

[134] KOMVOPOULOS K. Adhesion and friction forces in microelectromechanical systems：Mechanisms, measurement, surface modification techniques, and adhesion theory[J]. Journal of Adhesion Science and Technology，2003，17(4)：477-517.

[135] XU L C, SIEDLECKI C A. Submicron-textured biomaterial surface reduces staphylococcal bacterial adhesion and biofilm formation[J]. Acta Biomaterialia，2012，8(1)：72-81.

[136] SUGIHARA T, ENOMOTO T. Crater and flank wear resistance of cutting tools having micro textured surfaces [J]. Precision Engineering，2013，37(4)：888-896.

[137] WU Z, DENG J X, CHEN Y, et al. Performance of the self-lubricating textured

tools in dry cutting of Ti-6Al-4V[J]. The International Journal of Advanced Manufacturing Technology, 2012, 62(9-12): 943-951.

[138] BAUZIN J G, LARAQI N. Simultaneous estimation of frictional heat flux and two thermal contact parameters for sliding contacts[J]. Numerical Heat Transfer (Part A: Applications), 2004, 45(4): 313-328.

[139] YOVANOVICH M M, SRIDHAR M R. Elastoplastic contact conductance model for isotropic, conforming rough surfaces and comparison with experiments[J]. Journal of Heat Transfer, 1996, 118(1): 3-9.

[140] BUSH A W, GIBSON RD. A theoretical investigation of thermal contact conductance[J]. Applied Energy, 1979, 5(1): 11-22.

[141] PERSSONB N J, LORENZ B, VOLOKITIN A I. Heat transfer between elastic solids with randomly rough surfaces[J]. The European Physical Journal, 2010, 31(1): 3-24.

[142] LIUY W, BARBER J R. Transient heat conduction between rough sliding surfaces[J]. Tribology Letters, 2014, 55(1): 23-33.

[143] SPROULL R L. The conduction of heat in solids[J]. Scientific American, 1962, 207(6): 92-106.

[144] INCROPERA F P. Fundamentals of heat and mass transfer[M]. Singapore: John Wiley & Sons, 2011.

[145] NAYAK P R. Random process model of rough surfaces [J]. Journal of Tribology, 1971, 93(3): 398-407.

[146] MCCOOL J I. Comparison of models for the contact of rough surfaces[J]. Wear, 1986, 107(1): 37-60.

[147] MCCOOL J I. Relating profile instrument measurements to the functional performance of rough surfaces[J]. Journal of Tribology, 1987, 109(2): 264-270.

[148] BUSH A W, GIBSON R D, KEOGH G P. The limit of elastic deformation in the contact of rough surfaces[J]. Mechanics Research Communications, 1976(3): 169-174.

[149] LONGUET-HIGGINS M S. The statistical analysis of a random moving surface [J]. Philosophical Transactions of the Royal Society of London(Series A: Mathematical Physical and Engineering Sciences), 1957, 249(966): 321-387.

[150] MIKIC B B. Thermal contact conductance: theoretical considerations [J]. International Journal of Heat & Mass Transfer, 1974, 17(2): 205-214.

[151] MADHUSUDANA C V. Thermal contact conductance [M]. New York: Springer-Verlag, 1996.

[152] PAGGI M, BARBER J R. Contact conductance of rough surfaces composed of modified RMD patches[J]. International Journal of Heat and Mass Transfer, 2011, 54(21-22): 4664-4672.

[153] BERRY M V, LEWIS Z V. On the Weierstrass-Mandelbrot fractal function[J]. Proceedings of the Royal Society of London (Mathematical, Physical and Engineering Sciences), 1980, 370(1743): 459-484.

[154] LING F F. On temperature transients at sliding interface[J]. Journal of Tribology, 1969, 91(3): 397-405.

[155] CARSLAW H, JAEGER J C. The conduction of heat in solids[M]. 2nded. Oxford, UK: Clarendon Press, 1959.

[156] 顾慰兰. 接触热阻的试验研究[J]. 南京航空学院学报, 1992, 24(1): 46-53.

[157] BAHRAMI M, CULHAM J R, YOVANOVICH M M, et al. Thermal contact resistance of nonconforming rough surfaces: Part 1—Contact mechanics model [J]. Journal of Thermophysics and Heat Transfer, 2012, 18(2): 209-217.

[158] BAHRAMI M, YOVANOVICH M M, SCHNEIDER G E, et al. Thermal contact resistance of nonconforming rough surfaces: Part 2—Thermal model[J]. Journal of Thermophysics & Heat Transfer, 2004, 18(2): 218-227.

[159] COOPER M G, MIKIC B B, YOVANOVICH M M. Thermal contact conductance[J]. International Journal of Heat and Mass Transfer, 1969, 12(69): 279-300.

[160] 徐烈, 杨军, 徐佳梅, 等. 低温下固体表面接触热阻的研究[J]. 低温与超导, 1996, 24(1): 53-58.

[161] 湛利华, 李晓谦, 胡仕成. 界面接触热阻影响因素的实验研究[J]. 轻合金加工技术, 2002, 30(9): 40-43.

[162] 任红艳, 胡金刚. 接触热阻的研究进展[J]. 航天器工程, 1999(2): 47-57.

[163] WILLIMAMS A. Heat transfer through single spots of metallic contacts of simple shapes[J]. AIAA Paper, 1974, 24(6): 75-92.

[164] WILLIMAMS A, MAIOR S. The solution of a steady state conduction heat transfer problem using and electrolytic tank analogue[J]. Mechanical Engineering Transactions, Institution of Engineering, 1977(34): 7-11.

[165] 应济, 贾昱, 陈子辰, 等. 粗糙表面接触热阻的理论和实验研究[J]. 浙江大学学报(自然科学版), 1997(1): 104-109.

[166] WHITEHOUSE D J, ARCHARD J F. The properties of random surfaces of significance in their contact[J]. Proceedings of the Royal Society of London (Mathematical and Physical Sciences), 1970, 316(1524): 97-121.

[167] BUSH A W, GIBSON R D, THOMAS T R. The elastic contact of a rough surface[J]. Wear, 1975, 35(1): 87-111.

[168] YOVANOVICH M M, TIEN C H, SCHNEIDER G E. General solution of constriction resistance within a compound disk [J]. AIAA paper, 1979 (79): 0179.

[169] ANTONETTI V W, YOVANOVICH M M. Using metallic coatings to enhance thermal contact conductance of electronic packages [J]. Heat Transfer Engineering, 1988, 9(3): 85-92.

[170] LEUNG M, HSIEH C K, GOSWAMI D Y. Prediction of thermal contact conductance in vacuum by statistical mechanics[J]. Journal of Heat Transfer, 1998, 120(1): 51-57.

[171] BAHRAMI M, YOVANOVICH M M, CULHAM J R. Thermal contact resistance at low contact pressure: Effect of elastic deformation[J]. International Journal of Heat and Mass Transfer, 2005, 48(16): 3284-3293.

[172] LE MEUR G, BOUROUGA B. Inverse analysis of heat flow at a solid-solid electro-thermal contact[M]. Brasilia: Rio deJaneiro, 2002.

[173] FIEBERG C, KNEER R. Determination of thermal contact resistance from transient temperature measurements[J]. International Journal of Heat and Mass Transfer, 2008, 51(5): 1017-1023.

[174] 徐瑞萍, 徐烈, 赵兰萍. 粗糙表面接触热阻的分形描述[J]. 上海交通大学学报, 2004, 38(10): 1609-1612.

[175] 赵剑锋, 王安良, 杨春信. 基于粗糙度曲线统计特征的接触热阻模型[J]. 工程热物理学报, 2004(1): 147-149.

[176] 龚钊, 杨春信. 接触热阻理论模型的简化[J]. 工程热物理学报, 2007, 28(5): 850-852.

[177] ZHAO J F, WANG A L, YANG C X. Prediction of thermal contact conductance based on the statistics of the roughness profile characteristics[J]. International Journal of Heat and Mass Transfer, 2005, 48(5): 974-985.

[178] JIANG S, ZHENG Y. An analytical model of thermal contact resistance based on the weier-strass-mandelbrot fractal function[J]. Proceedings of the Institution of Mechanical Engineers(Part C: Journal of Mechanical Engineering Science), 2010, 224(224): 959-967.

[179] 皇甫哲. 接触热阻的概念、滞后效应以及切应力的影响[J]. 西北大学学报(自然科学版), 1993(2): 29-35.